青海省科学技术学术著作出版资金资助出版

南祁连山上庄磷稀土钍矿床成因及成矿机制

王进寿　陈　鑫　李善平　余成涛　著

U0223385

科学出版社

北　京

内 容 简 介

本书以南祁连上庄磷稀土钍矿床为典型矿床研究对象，详细介绍了拉脊山蛇绿混杂岩带中与基性-超基性岩有关的稀土、钍矿成因和形成机制。通过岩石学、岩石地球化学、单矿物地球化学和同位素地球化学，扼要阐述了该矿床的俯冲成矿地质背景，明确了矿石中轻稀土元素和钍的赋存状态，系统解释了有益元素富集成矿的幔源岩浆过程和机制；同时，以野外实地调查资料为依据，预测了该地区的成矿潜力和找矿方向。总之，本书紧密结合关键矿产领域研究前沿和应用实践，注重于地质现象洞察和实测数据分析，既创新了成矿理论，又实现了关键金属找矿的突破。

本书可供地质学、矿床学和矿产勘查等相关行业的科研人员、技术人员使用，也可供相关专业研究生参考。

图书在版编目（CIP）数据

南祁连山上庄磷稀土钍矿床成因及成矿机制/王进寿等著. —— 北京：科学出版社，2025.3. —— ISBN 978-7-03-080899-8

Ⅰ. P618.731

中国国家版本馆 CIP 数据核字第 20249QB624 号

责任编辑：王　运 / 责任校对：何艳萍
责任印制：肖　兴 / 封面设计：无极书装

斜 学 出 版 社 出版
北京东黄城根北街 16 号
邮政编码：100717
http://www.sciencep.com
北京建宏印刷有限公司印刷
科学出版社发行　各地新华书店经销
*
2025 年 3 月第 一 版　开本：720×1000　1/16
2025 年 3 月第一次印刷　印张：9 3/4
字数：200 000
定价：138.00 元
（如有印装质量问题，我社负责调换）

前　言

稀土（含钪、钇）是全球尖端科技发展所需的重要战略性关键金属矿产，其以特殊理化性能而被广泛用于新兴科技产业，但在我国存在采储比严重失衡等危机，因此，探查开发新的稀土资源已成当务之急。稀土（钪）矿床类型丰富多样，其中富 P-Fe-（REE）矿床除提供全球主要的磷之外，更有可能成为稀土（钪）的重要潜在来源（Frietsch，1978；Williams et al.，2005；Jonsson et al.，2013；Taylor et al.，2019），但不同源岩、岩浆组分和成因类型的稀土（钪）矿床中，含钪岩石及矿物钪富集程度差异显著。富 P-Fe-（REE）的岩浆型铁矿主要与中酸性火山岩、基性侵入岩和碱性岩有关（Dill，2010），但同时也发现少数较为罕见的矿床分布于镁铁质-超镁铁质侵入岩中（He et al.，2018；Hopkinson and Roberts，1995；Mitsis and Economou，2001；Herz and Valentine，1970；Gjata et al.，1995）。通常产出于镁铁质-超镁铁质侵入岩中的富 P-Fe-（REE）矿床与岩浆分异有关，然而，赋存于希腊 Othrys 蛇绿混杂岩地幔橄榄岩中的小型磷铁矿床却为热液成因，矿石矿物磷灰石内富含流体包裹体（Mitsis and Economou，2001）；对斯里兰卡赋存于超镁铁质岩体中的 Seruwila 磁铁矿-磷灰石矿床成因研究表明，岩浆热液对成矿起着重要作用（He et al.，2018）；此外，有研究表明，REE-Sc 元素在不同类型矿床中的载体矿物及类质同象置换方式完全不同，其富集成矿受源岩组分、成矿温压条件、氧逸度、挥发分、配分系数等影响较大。

拉脊山蛇绿混杂带发育大量早古生代基性-超基性侵入岩（邱家骧等，1995；Yang et al.，2002；侯青叶，2005），已有资料表明，其中部分岩体控制磷、稀土、铁、钪的成矿作用（杨合群，2020；王进寿等，2015；邱家骧等，1997；Wang M X et al.，2017；王进寿等，2023a；Wang et al.，2023）。上庄磷稀土矿床为南祁连拉脊山蛇绿混杂带唯一产出的大型磷矿（杨合群，2020），伴生稀土规模属小型（青海省自然资源厅，2022）。近年来，发现该矿床镁铁质-超镁铁质岩体中普遍伴生钪，岩石中 Sc_2O_3 含量为 $75\times10^{-6}\sim192\times10^{-6}$，远高于云南牟定地区富钪超镁铁质岩体 Sc_2O_3 含量 50×10^{-6} 的可工业利用临界值，粗略估算钪的远景资源量超过 300 t，显示出巨大的资源潜力（王进寿等，2015，2021）。

但长期以来，该矿区矿床地质研究程度较低，前人主要基于全岩地球化学分析，对上庄磷稀土矿含矿岩石及矿床成因提出的主要观点有：①岩石为寒武纪的陆间裂谷型小洋盆蛇绿岩组分，成矿与被 LREE（轻稀土）及碱质流体交代的富集地幔，经多期次部分熔融分异并遭受地壳物质混染而成的堆晶岩有关（邱家骧等，1997）；②晚寒武世晚期，幔源偏碱性基性-超基性岩浆上侵地壳，分异形成磷灰石矿体成因模式（杨合群，2020）；③P、REE、Fe 矿化超镁铁质岩由受交代的陆下岩石圈富集地幔分异而成（Wang M X et al.，2017）；④Wang 等（2023）研究认为，磷、稀土（铁钪）富集为单一超镁铁质岩浆分异富集的结果，矿床属岩浆成因。据前人野外调查，该矿床含矿侵入体受拉脊山北缘深大断裂控制，且部分赋矿岩石及围岩发育弱蚀变，但目前该矿床成因矿物学、REE-Sc 赋存状态、元素富集成矿机制、成矿年龄等资料缺乏，对 REE、Sc 资源评价及勘查找矿方向影响较大。

鉴于此，为了解决目前该矿床研究中尚存在的"含钪矿物的矿相学多样性问题"、"钪元素在超镁铁质岩中的富集机理"、"超镁铁质岩型钪矿床的成矿理论"、"成岩成矿时代"及"矿床成因"等关键科学问题，本研究依托青海省自然科学基金资助项目"拉脊山成矿带超基性岩型稀土-钪矿床成矿元素赋存特征及找矿突破"（基金号 2021-ZJ-741）开展了四项研究：①REE-Sc 矿成矿地质环境、控矿地质条件；②元素赋存状态特征和元素赋存矿物；③矿床成矿时代与矿床成矿模式；④成矿熔（流）体物质来源及成矿动力学机制。本书即为对该项目（2021 年 1 月至 2023 年 12 月）研究任务所获认识的凝练结晶，取得主要成果和认识如下。

（1）确定了拉脊山成矿带超基性岩型稀土钪矿床的成矿年龄。对岩石中锆石和榍石的 U-Pb 年代学研究表明，上庄富 Sc 超镁铁质侵入体结晶年龄为 469～465 Ma，也是 Sc 成矿年龄，与原特提斯洋向中祁连地块之下俯冲时代一致。该结论突破了晚奥陶世和晚寒武世的前人认识，从成矿年代学角度证实了成矿发生于俯冲背景的岩浆弧环境，而并非为寒武纪仍处于裂解的洋脊扩张环境，从而为寻找具岩浆弧型岩石地球化学特征的镁铁质-超镁铁质岩相关 P-REE-Sc 矿产提供了依据。

（2）查明了上庄磷稀土矿床镁铁质-超镁铁质侵入体的组成和关键金属元素 REE、Sc 的赋存状态。对岩石中 RE_2O_3 的分配率计算表明，岩石中赋存 REE 元素的矿物主要为磷灰石和榍石，REE 元素以离子置换方式替代磷灰石和榍石中的 Ca^{2+}。岩石和单斜辉石中 Sc_2O_3 含量高于云南牟定钪矿床 50×10^{-6} 的可工业利用下限值，钪主要赋存于磷灰黑云单斜辉石岩，Sc 以离子置换方式替代单斜辉石中的 Fe^{2+} 和 Mg^{2+}，置换式为 $3Sc^{3+} \leftrightarrow 2（Mg，Fe）^{2+}$。

（3）揭示了上庄磷稀土矿床超镁铁质侵入体中 Sc 的富集机制。Sc 富集的主要方式为：①源区富集；②部分熔融富集；③分离结晶富集。此外，拉脊山缝合带上庄超镁铁质侵入体富 Sc 特征，受到构造环境和源区及岩浆过程的控制，这表明在祁连及其邻近的缝合带中，这种岩浆弧环境具有寻找类似矿床的巨大潜力。

（4）通过成因矿物学的系统研究，阐明了拉脊山成矿带上庄磷稀土矿床的成因类型。本次研究表明，该矿床含矿单斜辉石岩中矿石矿物组成与寄主岩石矿物一致，成岩成矿具同一性。矿石中的黑云母高 Al、K、Ti，中等偏低的 Fe、Mg，贫 Ca 和 Na，属镁质黑云母，为原生黑云母或岩浆成因；磁铁矿中微量元素 V、Cr、Ti 含量较高，其他元素变化范围较大且含量较低，Ni/Cr 比值≤1，显示其岩浆型磁铁矿的特征；磷灰石为氟磷灰石，结晶程度较高，背散射图像（BSE）中均一明亮，无热液型磷灰石或被热液溶蚀交代磷灰石具有的孔洞、裂隙、浑浊发暗等现象；其高 F、贫 Cl、高 Sr，强烈富集轻稀土，轻、重稀土分馏明显，与典型岩浆型磷灰石相似。因而，对黑云母、磁铁矿和磷灰石的矿物学及矿物地球化学特征研究认为，该矿床为与镁铁质-超镁铁质岩熔融分异有关的岩浆成因类型。

（5）通过典型矿床研究，建立了拉脊山成矿带超基性岩型稀土钪矿床的 REE-Sc 富集成矿模式。岩浆起源于受交代的陆下岩石圈地幔部分熔融，在岩浆分异当中，黑云母、辉石、橄榄石等暗色矿物的结晶将导致体系中 $Mg^{\#}$ 的降低，HFSE（高场强元素）、REE 等不相容元素不易进入早期的矿物相中，在岩浆演化后期会在岩浆房富集。从不含 REE 矿的岩石到富磷、富硫化物铁磷岩石，黑云母含量呈现下降趋势，而富铁矿物（如磁铁矿）、富钛矿物（榍石）和富集 REE 矿物（磷灰石）含量呈上升趋势，全岩 Fe、HFSE 和 REE 含量升高，全岩 $Mg^{\#}$ 下降，由不含 REE 矿逐渐向富磷、富 REE、富铁磷转变。

（6）圈定元石山铁镍矿床外围富 Sc 单斜辉石岩出露区为寻找 Sc 矿的预测区域，为今后拉脊山成矿带寻找 Sc 矿提供了科学依据。本研究在元石山铁镍矿床北侧发现了富 Sc 单斜辉石岩岩体，面积超过 $0.3km^2$。岩石 Sc_2O_3 平均值为 $78.8×10^{-6}$，高于工业利用下限值。

在系统收集资料、野外实地调查、室内综合研究的基础上，通过项目组成员的努力完成了本书的著述。本书基于青海省自然科学基金资助项目研究中取得的主要成果撰写，旨在系统阐明南祁连拉脊山蛇绿混杂岩带与超基性岩有关磷稀土钪共生成矿的罕见成矿地质环境、含矿岩石成因、赋矿矿物种类、成岩成矿时代、元素赋存状态及其富集机制等关键科学问题，以及采用的研究技术和方法。

全书共 7 章：第 1 章概要介绍了稀土和钪的用途以及在全球各国的资源现状，综述了国内外稀土和钪矿的研究现状，重点评述了与超基性岩有关的稀土钪富集成矿机制研究进展，并提出了南祁连上庄磷稀土矿床 REE、Sc 成矿的关键科学问题；同时，介绍了本书研究岩相学、矿相学、岩石地球化学、同位素测年、元素赋存状态、矿物全分析系统测试（AMICS）等所采用的技术和分析方法；第 2 章着重阐述了研究区的成矿地质背景，并从地质演化视角扼要分析了拉脊山蛇绿混杂岩带形成的地球动力学过程；第 3 章以较大篇幅剖析了典型矿床，列述了运用 LA-ICP-MS（激光剥蚀电感耦合等离子体质谱仪）、EPMA（电子探针）、EDS（能谱）、背散射成像等现代实验技术获得的矿区岩石和矿物测试数据，细述了上庄磷稀土钪矿床的矿区地质特征、岩相学特征、矿相学特征、地球化学特征、稀土及钪在矿物中的赋存与分配、矿床成因类型等内容；第 4 章详述了锆石、榍石、褐帘石的单矿物 U-Pb 及矿物微区同位素高精度测试，确定了矿区超基性岩体成岩年龄及矿床成矿时代，并探讨了成矿地质环境；第 5 章重点论述了矿区含矿超基性岩的岩浆源区、岩浆演化和岩石成因，阐明了上庄磷稀土矿床中 LREE 与 Sc 的富集机制，建立了成矿模式；第 6 章指出了区域内乃至青海省与超镁铁质岩有关的稀土和钪找矿方向，提出了资源勘查面临的主要问题，总结了拉脊山成矿带基性-超基性岩型 REE-Sc 矿成矿要素；第 7 章为结语。其中，前言、第 1 章、第 2 章、第 3 章、第 4 章 4.6 节、第 6 章、第 7 章由王进寿完成；第 4 章中除 4.6 节外，其余由中国地质大学（武汉）陈鑫教授完成；第 5 章由中国地质大学（武汉）余成涛完成。最终统稿由王进寿和李善平共同完成。此外，青海省地质调查院余福承高级工程师参与完成了野外地质调查与样品采集工作，青海省地质调查院金婷婷高级工程师完成了部分样品的室内镜下岩矿鉴定和拍照；湖北省地质实验测试中心朱丹高级工程师协助完成了岩石地球化学、矿物地球化学、背散射、能谱（EDS）、电子探针（EPMA）和矿物全分析系统（AMICS）等测试；青海省地质调查院任华高级工程师和中国地质大学（武汉）研究生王健炜绘制了部分插图。成文过程中，得到了中国地质大学（北京）王根厚教授、青海省地质矿产勘查开发局潘彤总工程师的悉心指导，以及青海省地质调查院孟军海正高级工程师给予的有益建议，在此一并感谢！

本书的出版得到了青海省科学技术厅的大力支持，由青海省科学技术学术著作出版资金和科技计划项目"青藏高原北部关键矿产成矿作用及找矿突破创新团队（2024-ZJ-903）项目"资助，在此致以诚挚的谢意！

作　者

2024 年 6 月

目 录

第1章 绪 论

1.1 研究背景和意义

稀土（rare earth elements，简写为 REE）是指元素周期表中第 57～71 号的 15 个元素（La、Ce、Pr、Nd、Sm、Eu、Gd、Tb、Dy、Ho、Er、Tm、Yb、Lu），一般也称之为镧系元素，鉴于 Y、Sc 与镧系元素中重稀土元素化学性质相近，稀土金属通常也包括 Y 和 Sc。按元素性质不同，稀土金属可分为轻稀土（LREE）和重稀土（HREE），又被称为"铈组"和"钇组"（Williams-Jones et al.，2012），前者包括 La、Ce、Pr、Nd、Sm、Eu，后者为 Gd、Tb、Dy、Ho、Er、Tm、Yb、Lu、Y、Sc。稀土金属以其特殊的电、磁、光等理化性能对国防军工、新材料、新能源等新兴产业至关重要（王登红等，2013；翟明国等，2019），当今世界每 6 项新技术发明中就有 1 项离不开稀土元素的贡献。由于在高科技产业中，微量的稀土元素即可改善或提高终端产品的性能，被称为工业"维生素"，因而成为世界各国战略竞争的关键稀缺资源。稀土资源在全球分布极不平衡，主要集中于中国、美国、澳大利亚、巴西、俄罗斯、越南、印度和格陵兰等国家和地区（范宏瑞等，2020）。稀土是中国为数不多、具有优势的战略矿产资源，目前已探明稀土资源储量约为 4400 万 t，占全球已探明总储量的 36.6%，我国也是世界第一稀土生产大国（U.S.Geological Survey，2020，2022），但近年来稀土资源消耗过快，且存在采储比严重失衡等严峻危机（何宏平和杨武斌，2022），探查并开发新的稀土资源已成为保持我国稀土资源优势的当务之急。

世界上稀土矿产种类及赋矿地质体繁多，矿床类型极为复杂，因而，尚无能被矿床地质学家普遍接受的统一分类方案（袁忠信等，2016）。张培善（1989）曾根据成矿条件，提出了我国 10 种成因类型稀土矿床划分方案：①花岗岩、碱性花岗岩、钠长石化花岗岩型；②碱性岩型；③火成碳酸岩型；④伟晶岩型；⑤夕卡岩型；⑥热液交代和热液脉型；⑦变质岩和沉积变质碳酸盐岩型；⑧沉积型；⑨砂矿型；⑩风化壳型。这 10 种稀土矿床成因类型根据稀土富集过程中的地质作用不同，大致可以归为两大类：一是与岩浆熔融、分离结晶等过程和岩浆期后热液作用有关的内生矿床；二是受地表风化作用和其他表生过程富集形成的外生矿床（胡朋等，2023），张培善（1989）所划分方案中的①、②、③、④、⑤、⑥、⑦属内生矿床，而⑧、⑨和⑩为外生矿床。内生稀土矿床以碳酸岩型、碱性岩-碱性花岗岩型和热液型最具代表性，典型矿床主要包括内蒙古白云鄂博、川西冕宁-德昌牦牛坪和大陆槽、鲁西微山、湖北庙垭、内蒙古巴尔哲及云南迤纳厂等矿床，它们一般具有规模大、品位高和放射性物质含量低等特点，是近年来勘探和开发的重点关注对象，譬如，碱性岩约占地球岩浆岩总量的 1%（朱昱升，2016），虽然体量有限但出露范围广，它以矿物组成复杂而著称，所含矿物种类超过目前已发现矿物总数的 50%（Fitton and Upton，1987；Yang et al.，2012）。更重要的是，碱性岩富集大离子亲石元素、稀土和高场强元素，是 REE、Zr、Nb、Ta 和 U 等战略金属的重要含矿建造，具有巨大的经济价值（Woolley，2001；Beard et al.，2023）；而碳酸岩型稀土矿更是我国内生稀土矿床的最主要类型，大约有超过 97.4%的已探明轻稀土资源与碳酸岩有关（Xie et al.，2019）。外生稀土矿床常见为风化壳型（红土型，也称离子吸附型；何宏平和杨武斌，2022），国外主要分布于澳大利亚、巴西和俄罗斯等国家和地区；在我国广泛产出于华南地区的江西、福建、广西、广东、云南等省区，目前已确定的风化壳型稀土矿床超过 170 处，从而成为我国特色的优质稀土资源。

范宏瑞等（2020）对上述内生稀土矿床总结认为，碳酸岩型稀土矿床成矿碳酸岩经历了强烈的分异演化和岩浆热液的交代/叠加作用，常富集轻稀土，伴生有 Nb、Th、Sc 等资源。碱性岩-碱性花岗岩型稀土矿床多与高分异碱性岩或碱性花岗岩密切相关，且普遍经历强烈的岩浆期后热液交代作用，富集中-重稀土，常伴生有 Zr、Nb、Ta 等高场强元素矿化。热液型稀土矿床矿体在空间上没有紧密共生的岩浆岩体，但其形成往往和隐伏的岩浆岩关系密切，多期次的热液叠加往往导致稀土不断活化—再富集，也可伴随 Au、U、Co 等元素的矿化。我国稀土成矿主要发生在中元古代和中、新生代，通常受控于克拉通边缘大陆裂谷或陆内伸展构造环境。外生稀土矿床通常指赋存于花岗岩或火山岩风化壳中的稀土矿床，但近年来，随着新地区新矿床（点）的不断发现，周美夫等（2020）对风化壳型稀土矿床给出了新的定义，指"由碱性基性-超基性岩、富稀土碱性花岗岩、正长岩、流纹岩、变质岩等多种岩石风化后的产物"。风化壳型稀土矿床特点：以华南地区为例，风化壳厚度一般为 8～10 m，外观常呈现为以浅红色为主的砂土混合物，矿物组成多为黏土矿物、石英和长石等，其中黏土矿物含量占比一半以上，稀土氧化物品位约为 0.05%～0.30%，稀土含量分布在垂向剖面中表现为"两头贫、中间富"的特征，表明稀土从风化壳上部淋滤到中下部富集的规律（马英军和刘丛强，1999；Bao and Zhao，2008），因土质较为疏松且矿物组成简单而可直接进行人工开采。

研究表明，伴生于磷矿床中的稀土是继离子吸附型、碳酸岩型等稀土矿之后一种潜在的重要稀土资源（龙志奇等，2009），例如，我国贵州产于含磷地层中的织金磷块岩型稀土矿床，现探明资源量350万t，其中Y元素占30%以上，为超大型稀土矿床，对矿石特征和地球化学特征的分析结果表明，稀土元素的富集不以独立矿物形式存在，而主要与磷灰石关系密切（郭海燕等，2017）；另外有研究发现，广泛分布于太平洋与印度洋的深海富稀土沉积物中稀土资源储量远超陆地稀土资源储量，并具有富含中-重稀土元素、易于浸出等优点。已有研究表明，太平洋和印度洋深海沉积物中最主要的载体矿物包括磷灰石、铁锰（氢）氧化物、黏土矿物以及钙十字沸石，其中，稀土元素以耦合替代形式进入磷灰石结构中，在铁锰结核中，稀土元素主要通过表面络合吸附形式赋存，因此，包括磷灰石在内的载体矿物是未来勘探开采深海稀土资源和进行稀土选冶的直接对象（樊文枭等，2023）。而针对磷矿床稀土矿石中稀土含量低及其赋存状态特殊等特点的回收工艺研究发现，可采用酸浸-TBP萃取和酸反萃方法从磷灰石精矿中提取回收磷矿床中的稀土元素，回收率高于60%（王华等，2002；王光宙等，1997；Monir and Nabawia，1999）。

钪（Sc）归属于重稀土元素（周美夫等，2020），钪金属以其耐高温、低密度等优良的材料理化特性而被广泛用于航空航天耐热部件及高性能钪铝合金制造（Hedrick，2010a，2010b），近年来，因钪在新型固体燃料电池（SOFC）及钪钠灯等方面具有高效、节能、环保等优势而备受新能源领域的青睐，有研究表明钪氮化物在5G声滤波器和光电子领域表现出较大潜在应用价值（Ansari，2019），但目前钪基产品的大规模生产受到高成本和资源匮乏等因素制约（Liu et al.，2023），难以满足主要经济体国家战略性新兴产业的可持续发展，因此，美国、中国、欧盟等将钪（Sc）列为国家战略安全和经济发展的重要战略金属之一（Gulley et al.，2018；毛景文等，2019；侯增谦等，2020），更是我国的短缺战略性关键矿产（李建武等，2023）。钪是地壳中含量最丰富的36种元素之一（Wedepohl，1995），其在地壳中的丰度值（22×10^{-6}）（Rudnick and Gao，2003）远高于钨（1.0×10^{-6}）、锡（1.7×10^{-6}）等元素，但在壳幔中高度分散，很少富集形成独立经济矿床。目前已知自然界中共发现18种含钪独立矿物（表1.1），其中3种源自陨石。钪独立矿物主要赋存于两种岩石：一是花岗伟晶岩，含钪独立矿物为钪钇石、钠钪辉石、硅钪铍矿、钪钽石、硅钙钪石等；二是碳酸岩（Kalashnikov et al.，2016），含钪矿物为钙镁钪石，虽然钪独立矿物稀少，但其他含钪的矿物却多达800多种（王瑞江等，2018），较具经济价值的含钪矿物主要是镁铁质矿物（如单斜辉石、角闪石等）、富高场强元素（HFSE）矿物（如烧绿石、斜锆石等）（表1.1）。以往国内外钪提取主要来自花岗伟晶岩中富Sc矿物钪钇石［$(Sc,Y)_2Si_2O_7$］和硅钪铍矿［$Be_3(Sc,Al)_2Si_6O_{18}$］等副产品的回收（Wang et al.，2021），但这些来源远不能满足钪产业发展需求（Wang et al.，2022）。近年来，从富钪镁铁质复杂硅酸盐矿物中提取钪金属的技术不断取得突破（郭远生等，2012；谭俊峰，2012；马升峰，2012；李梅等，2013，2017；贺宇龙，2020；韩明等，2021），例如，对白云鄂博富钪钠闪石、霓辉石等镁铁质硅酸盐矿物尾矿进行的钪浸出工艺试验获得浸出率高于99%（李梅等，2013），使得白云鄂博稀土-铌选冶尾矿成为全球钪的主要来源（马升峰，2012；范亚洲等，2014），而阿拉斯加型镁铁-超镁铁质岩、铁闪长岩等富钪侵入岩容纳着全球大部分的钪储量（Halkoaho et al.，2020；Wang et al.，2021），引发业界重新将勘查重点投向了富钪镁铁质-超镁铁质侵入岩及其风化物，此类矿床在未来可能会成为重要的钪源（Zhou et al.，2022）。但在镁铁质-超镁铁质岩中，钪可赋存于橄榄石、斜方辉石、单斜辉石、角闪石、黑云母等镁铁质矿物（刘英俊等，1986）和斜锆石、锆石等氧化物矿物中（范亚洲等，2014）；另外，在部分磷铁矿床的含钪基性-超基性岩中，载钪矿物为磁铁矿、氟磷灰石等（肖军辉等，2018），而不同矿物相钪离子类质同象置换元素、钪含量和富集机制等存在很大差别（表 1.2），直接影响钪选冶浸取工艺选择（Zhang Z H et al.，2005；Kalashnikov et al.，2016）及开发利用技术流程，因此，查明富钪矿床中富钪矿物相、钪赋存状态及钪富集机制具有重要意义。

表 1.1　自然界中主要的独立钪矿物（Steffenssen，2018；陶旭云等，2019）

矿物中文名称	矿物英文名称	化学式	理论钪含量/%
钪钇矿	Thortveitite	$Sc_2Si_2O_7$	34.84
磷钪矿	Pretulite	$ScPO_4$	32.13
硅磷钪石	Kolbeckite	$ScPO_4 \cdot 2H_2O$	25.55
钠钪辉石	Jerxisite	$NaScSi_2O_6$	19.02
钙钪矿	Eringaite	$Ca_3Sc_2(SiO_4)_3$	18.52
硅钪铍矿	Bazzite	$Be_3Sc_2Si_6O_{18}$	15.68
钪钽石	Heftetjernite	$ScTaO_4$	15.51
钙镁钪石	Juonniite	$CaMgSc(PO_4)(OH) \cdot 4(H_2O)$	15.32
硅钙钪石	Cascandite	$CaScSi_3O_8(OH)$	14.3
钪铁辉石	Scandiobabingtonite	$Ca_2(Fe_{2+},Mn)ScSi_5O_{14}(OH)$	7.28
硅钪锡石	Kristiansenite	$Ca_2ScSn(Si_2O_7)(Si_2O_6OH)$	5.25
钪钾铍石	Oftedalite	$(Sc,Ca)_2KBe_3Si_{12}O_{30}$	4.44

表 1.2 钪的赋存方式

	矿物	化学式	最大 Sc 含量
晶格替代	Columbite 铌铁矿	$(Fe,Mn)Nb_2O_6$	6%
	Wodginite 锡锰钽矿	$Mn(Sn,Ta)(Ta,Nb)_2O_8$	6%
	Ixiolite 锰钽矿	$(Ta,Nb,Sn,Mn,Fe)_4O_8$	6%
	Scandian Ixiolite 钪锰钽矿	$(Ta,Nb,Sc,Sn,Fe,Mn,Ti)_2O_4$	12.2%
	Davidite 铈铀钛铁矿	$(La,Ce)(Y,J,Fe)(Ti,Fe)_{20}(O,OH)_{38}$	6%
	Microlite 细晶石	$(Na,Ca)_2Ta_2O_6(O,OH,F)$	4%
	Pyrochlor 烧绿石	$(Na,Ca)_2Nb_2O_6(O,OH,F)$	4%
	Cassiterite 锡石	SnO_2	10000×10^{-6}
	Baddeleyite 斜锆石	ZrO_2	509×10^{-6}
	Zirconolite 钛锆钍矿	$(Ca,Ce)Zr(Ti,Fe,Nb)_2O_7$	209×10^{-6}
	Zircon 锆石	$ZrSiO_4$	10000×10^{-6}
	Ilmenite 钛铁矿	$FeTiO_3$	1000×10^{-6}
	Ilmenorutile 铌铁金红石	$Fe_x(Nb,Ta)_{2x} \cdot 4Ti_{1-x}O_2$	2000×10^{-6}
	Pyrophanite 红钛锰矿	$Mn^{2+}TiO_3$	1473×10^{-6}
	Aegirine 霓石	$NaFeSi_2O_6$	210×10^{-6}
	Diopside 透辉石	$CaMgSi_2O_6$	440×10^{-6}
	Amphibole 角闪石	$(Ca,Na)_{2\text{-}3}(Mg,Fe,Al)_5$ $[(Al,Si)_4](OH)_2$	80×10^{-6}
吸附和/或晶格替代	Hematite 赤铁矿	Fe_2O_3	316×10^{-6}
	Goethite 针铁矿	$\alpha\text{-}FeOOH$	1300×10^{-6}

地壳中的钪丰度均值为 22×10^{-6}，与 Pb（14×10^{-6}）和 Co（25×10^{-6}）相当，Sc^{3+} 与常见的成矿阴离子形成的络合物稳定性较弱，造成地质作用过程中钪富集的浓度很少超过 100×10^{-6}，因而，自然界中很少能见到独立的钪矿床（黄机炎，1988）。目前，铁、铀、钛、铌、锡、钨和稀土元素资源仍作为综合生产钪的主要来源（赵宏军等，2019）。

从全球钪矿床的区域分布来看，钪资源主要集中在俄罗斯、乌克兰、美国、中国、澳大利亚、菲律宾、马达加斯加、挪威、意大利和哈萨克斯坦等国家。钪资源中与内生成矿作用相关的钪矿床类型有三类：花岗伟晶岩型钪矿床，碱性-超基性岩型磷、稀土（钪）矿床和基性-超基性岩型钒钛铁（钪）矿床（陶旭云等，

2019）（图 1.1）。世界上独立钪矿床的形成通常与花岗伟晶岩密切相关，这类矿床中矿石矿物多由独立钪矿物组成，但目前因其矿床规模较小，不足以提供全球每年 10～15 t 的 Sc_2O_3 消费量（U. S. Geological Survey，2019）。由于碱性-超基性岩型磷、稀土（钪）矿床和基性-超基性岩型钒、钛、铁（钪）矿床供给全球钪资源需求量的 90%（Williams-Jones and Vasyukova，2018），因而成为当下最重要的钪矿床类型，但勘查行业却未对更具资源优势的富钪超基性岩型等其他钪资源给予足够重视。

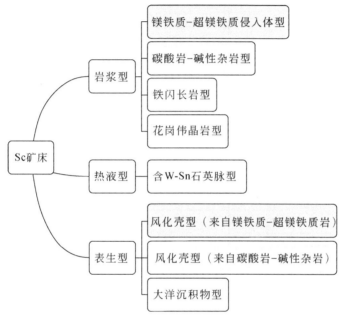

图 1.1　Sc 矿床的分类

近年来，随着国际上对钪资源及其生产回收的研究不断取得突破，钪亦可从复杂硅酸盐矿物中高效浸取利用，如在白云鄂博铁稀土矿中，钪主要分布于硅酸盐矿物钠闪石、钠辉石等中，钪在选矿后的尾矿中富集，通过对尾矿浓酸浸出、助剂焙烧、酸浸等工艺流程来提取钪，钪的生产率达到 99.15%（许延辉等，2014），使得钪产品生产成本不断降低。选冶技术进步极大地拓展了钪资源勘查的矿床类型，因此，为确保我国作为钪主要供应国的优势地位，将超基性岩型钪资源纳入未来勘查范畴具有重要的战略经济社会意义。

1.2　前期研究基础

青海省已报道发现的钪资源仅赋存在拉脊山上庄磷稀土矿床和元石山铁镍矿床外围（王进寿等，2015，2021）。上庄磷稀土矿床是青海省已知独一无二的伴生稀土矿床（矿区分东、西两段），磷灰石为大型，透辉石为特大型。矿体赋存于早古生代碱性黑云母透辉石岩中，岩石类型属钙碱性系列，岩浆源区为富集地幔（侯青叶等，2005），m/f 平均为 2.16~2.84，属铁质超基性岩。已探明矿床中轻稀土以 La、Ce、Nd、Sm 为主，重稀土 Yb、Y 含量低，保有轻稀土氧化物资源储量 28.78 万 t。王进寿等（2015）在该矿床中发现品位介于 82.08×10^{-6}~144.15×10^{-6}、平均含量为 102.07×10^{-6} 的 Sc_2O_3，达到了钪工业提取利用要求（范亚洲等，2014），可与云南牟定二台坡独立钪矿床（郭远生等，2012；范亚洲等，2014）和马鞍底铁矿伴生富钪资源（云南省自然资源厅，2017）作很好的对比。矿床中主要有用矿石矿物为磷灰石、磁铁矿（含少量钛铁矿）、蛭石化黑云母、透辉石，Sc 为伴生元素，有益元素为 P、Fe、轻稀土、Sc。成矿作用受超基性侵入岩控制，赋矿岩体接近于全岩含矿，但矿化不均匀，矿床类型判断为岩浆型。以矿区地表出露岩体规模作粗略估计，预测钪资源量超过 300 t，潜在经济价值十分可观。然而目前矿床勘查程度滞留于 20 世纪 90 年代之前的水平，未对有益伴生元素做过综合勘查评价，尤其是对含钪矿物相、矿体分布特征及成矿机制等认识程度甚低。

元石山中型铁镍矿床为青海省东部仅有的铁镍多金属矿，目前正由民营矿山企业开采。主要矿石矿物为磁铁矿、铬铁矿、针铁矿、赤铁矿等，主要成矿组分为 Ni，共生组分有 Co、Cr、Fe 等，均可综合利用。超基性岩以透辉石岩为主，是控制钪矿成矿作用的主要岩石类型，赋矿岩体近乎全岩含钪，矿化不均一，为岩浆型成因矿床。岩石中 Sc_2O_3 为 51.97×10^{-6}~100.97×10^{-6}，平均含量为 83.05×10^{-6}（王进寿等，2015），预测钪资源量约为 300 t（王进寿等，2021），潜在经济价值丰厚，但未对矿床中的伴生钪资源开展过勘查和综合评价，元素赋存特征、矿体分布等地质研究尚属空白。

研究表明，钪可以赋存在多种矿物中，钪的独立矿物主要为钪钇石，尽管其含 Sc_2O_3 可达 40%，但不具有工业意义，其主要赋存在铌铁矿、水锆石、黑钨矿、锡石、白云母、绿柱石等矿物中（《矿产资源工业要求手册》编委会，2010），其中黑钨矿等常见含钪矿石矿物是钪选冶经济效益的主要来源。然而，国外有研究证实，产出于超基性岩钪矿床中的 Sc 元素以类质同象方式主要赋存于辉石矿物中（Krishnamurthy，2017；U. S. Geological Survey，2019），在俄罗斯科拉半岛希宾碱性杂岩型磷矿床中，Sc 富含于磷灰石中（张玉学，1997）。在国内有关钪矿床的研究发现,四川攀西与层状镁铁质岩体有关的钒钛磁铁矿床中 Sc 元素赋存于磁铁矿内(黄霞光等,2016),云南马鞍底铁钪钛矿床中 Sc 以类质同象形式赋存在角闪石中(云南省自然资源厅,2017)。这些研究表明,超基性岩型钪矿床中钪在不同地区、不同成因类型矿床中的赋存矿物有着很大差异,且完全不同于花岗伟晶岩型稀土矿床中 Sc 分布于氟碳铈矿等独立稀土矿物中(Foord et al.,1993;Ezzotta et al.,2005)的特征,但却能有效富集并回收提取到钪精矿主产品(云南省自然资源厅,2017)。

近年对复杂硅酸盐矿物 Sc 浸出试验的突破和进展研究表明,超基性岩中的复杂硅酸盐矿物含 $Sc_2O_3 \geqslant 50 \times 10^{-6}$ 即可提取利用(范亚洲等,2014)。云南省自然资源厅(2017)对马鞍底铁钪钛矿床中伴生钪矿以 Sc_2O_3 平均品位 57.72×10^{-6} 圈定 Sc 矿体,获得钪资源储量 4023 t,达特大型规模,且有效富集回收获得了钪精矿产品。以往对上庄磷稀土矿床的研究发现,含稀土元素主要矿物为黑云母辉石岩中岩浆成因的副矿物磷灰石(杨生德等,2013a;王进寿等,2023a,2023b),但 Sc 是单斜辉石的相容元素,笔者认为 Sc 元素很有可能赋存在单斜辉石矿物中(王进寿等,2015),与国内外多个正在开发利用的钪资源分布地区富钪矿物类同(表 1.3)。因此,拉脊山地区发现的 Sc 无疑也必能被新的工业生产技术回收提取利用。

表 1.3 国内外与超基性岩有关的主要钪资源

与钪资源有关的超基性岩	主要富钪矿物、岩石
俄罗斯科拉半岛基性超基性岩	钒钛磁铁矿(Bykhovsky and Tigunov,2008)
俄罗斯乌拉苏维尔德洛夫斯克地区超基性岩带	铁钛矿石、辉石岩(孙军等,2019)
印度尼西亚苏拉威西岛超镁铁质岩	超镁铁质岩风化红土层、红土型镍矿(孙军等,2019)
中国四川攀枝花钒钛磁铁矿床超镁铁质岩和镁铁质岩(Sc_2O_3 含量 $13 \times 10^{-6} \sim 40 \times 10^{-6}$)	钛普通辉石、钛铁矿和钛磁铁矿(廖春生等,2001)
中国云南牟定超基性岩带二台坡钪矿床辉石岩(Sc_2O_3 含量 $60 \times 10^{-6} \sim 110 \times 10^{-6}$)	单斜辉石、角闪石、斜锆石和锆石(郭远生等,2012;范亚洲等,2014)
中国青海拉脊山超基性岩带辉石岩(Sc_2O_3 含量 $51.97 \times 10^{-6} \sim 144.15 \times 10^{-6}$)	单斜辉石、磷灰石(王进寿等,2015)

拉脊山成矿带钪资源赋存于断续出露的超基性岩带中,岩带展布东西长达 25 km,南北宽平均约 600 m(图 1.2)。进一步对成矿地质环境的研究初步显示,该成矿带地质条件有利于形成超镁铁质岩型钪矿,有望成为青海东部重要的钪成矿区,资源集中度高,经济价值巨大。如上庄磷稀土矿床中 Sc_2O_3 平均品位为 102.07×10^{-6},预测钪资源量有望超 300 t;元石山铁镍矿床外围区域 Sc_2O_3 平均品

位为 $83.05×10^{-6}$，预测钪资源量约为 100 t。根据矿床类型、成矿地质环境、含矿岩石类型对比分析，王进寿等（2015，2021）提出拉脊山存在一条与超基性岩有关的钪成矿区带的推断性认识。

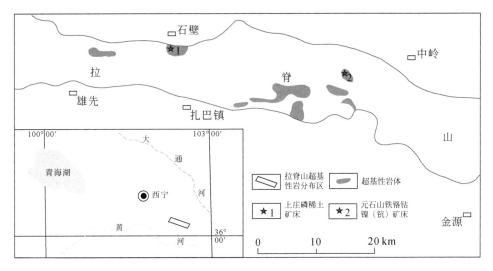

图 1.2 拉脊山地区地质与富钪超基性岩分布图

综上所述，富 P-Fe-REE 矿床是铁（Fe）、磷（P）的重要来源，也是潜在的稀土（REE）资源重要来源（Frietsch，1978；Williams et al.，2005；Jonsson et al.，2013；Taylor et al.，2019）。这种类型的矿床在空间上与碱钙-长英质岩石关系密切，少数矿床也可能出现在镁铁质-超镁铁质侵入岩中（Jonsson et al.，2013；Tornos et al.，2016；He et al.，2018）。然而，富 P-Fe-REE 矿床的成因目前仍存在争议。大量研究发现，Fe 和 P 的富集可能归因于晚期热液或岩浆-热液作用（Sillitoe and Burrows，2002；Pollard，2006；Knipping et al.，2015；Dare et al.，2015）。热液流体的交代/叠加作用使稀土元素更加富集（Oreskes and Einaudi，1990；Barton and Johnson，1996；Li et al.，2021）。有研究表明，世界上最大的白云鄂博 REE 矿床成矿期约为 1.0 Ga，成矿时代显著晚于岩浆形成时代，表明流体交代作用对稀土元素的富集起到了关键作用（Song et al.，2018；Yang et al.，2017，2019）。另外，P-Fe-REE 矿床可能代表一种岩浆矿床，Fe、P 从富挥发分的熔体中熔离形成（Travisany et al.，1995）。在这种情况下，富 P 和富 Fe 矿石的形成可能归因于富 Fe 和 P 岩浆不混溶（Philpotts，1967）或者是硅酸盐岩浆的结晶分异导致后期 Fe 和 P 在残余岩浆中富集成矿（Dymek and Owens，2001）。此外，一些研究人员提出了一种改进的模型，认为富 Fe 熔体为岩浆成因（Tornos et al.，2017）和随后的富水流体对岩浆磁铁矿的聚集起到了关键作用（Knipping et al., 2015）。综上所述，P-Fe-REE 矿床的形成是岩浆成因还是热液成因还存在较大的争议，评价岩浆系统中 P、Fe、REE 等元素如何富集，对该类矿床形成机制的认识具有重要意义。

尽管 P-Fe-REE 矿床已在各种岩浆岩中发现，包括长英质和镁铁质-超镁铁质岩浆岩中。但是与镁铁质-超镁铁质体系相关的 P-Fe-REE 矿床较少受到关注。目前只报道了少数小规模矿床产出在蛇绿岩中（Jonsson et al., 2013；Tornos et al., 2016），但与超镁铁质岩浆作用有关的超大型 P-Fe-REE 矿床仍然非常罕见，对它们成因机制的深入研究对进一步寻找类似矿床具有重要意义。

上庄磷-稀土矿床是一个中型磷矿床，伴生铁、稀土，位于青海省东部地区拉脊山中段，地理位置处于海东市平安区境内，大地构造归属南祁连弧盆系与中祁连地块结合部位拉脊山蛇绿混杂带（Fu C L et al., 2019），矿床类型为与超镁铁质岩有关的岩浆型（王进寿等，2015），秦岭九子沟稀土矿的矿床特征（王利民和陈佩，2020）可与此矿床作较好对比。

矿床由单斜辉石岩、磷灰黑云单斜辉石岩和含硫化物磷灰黑云单斜辉石岩体组成，岩体内产出数十条稀土矿体，呈宽数米至数百米不等的条带状展布。磷灰石为主要的富轻稀土（La、Ce、Nd、Sm）有益矿物，含量为 3%～15%（杨合群，2020）。以含磷灰石矿石伴生轻稀土氧化物品位（LR_2O_3=0.054%～0.106%）圈定矿体（杨生德等，2011），推算轻稀土氧化物资源储量 34.61 万 t（青海省自然资源厅，2022），矿床规模为小型。王进寿等（2015）于该矿床中发现了伴生的 Sc，但资源量不明。前人大致查明了上庄磷-稀土矿床的地质特征及矿石矿物组分（杨合群，2020），含矿单斜辉石岩主要由单斜辉石、黑云母和浸染状磷灰石、磁铁矿、磁黄铁矿组成，赋存于具有堆晶特征的超镁铁质侵入体中，但因稀土品位较低而未对富稀土矿物特征、不同矿物中稀土元素配分特征及稀土元素赋存状态开展过系统的研究，较大程度上影响了该矿床的稀土资源绿色开发（王进寿等，2021），因此，针对磷矿中微量稀土赋存状态的研究对其综合回收利用具有重要意义。

该矿床不仅具有重要的磷、铁经济价值，而且是与具有稀土成矿潜力的超镁铁质岩相关的独特实例，但受限于较低的研究程度，其成因及 REE 和 Sc 富集机制尚不清楚。Wang M X 等（2017）首先研究了上庄 P-REE 矿床的构造背景，认为该矿床形成于晚寒武世，由原特提斯洋向北俯冲于中祁连地块下所形成。但是当时研究的锆石数据较少，获得的年龄是否可以代表成岩-成矿年龄存在争议；同时，含磷、铁矿石的成因及其与含矿超镁铁质岩的成因关系尚不清楚。为此，本书提出以下亟待基础地质研究解决的 3 项关键科学问题。

1. 含钪矿物的矿相学多样性

钪主要赋存于花岗伟晶岩型矿床和超基性岩/超镁铁质岩型矿床中,但独立的含钪矿物在后者中很少见,给此类矿床的选冶增加了一定难度,独立的含钪矿物无疑能大大提高选冶的经济效益。拉脊山地区首次发现含钪岩石属超镁铁质岩,但目前含钪矿物相缺乏研究。因此,查明该地区含钪超镁铁质岩中的富钪矿物相有着重要的科学意义。

2. 钪元素在超镁铁质岩中的富集机制

以往对拉脊山地区上庄磷稀土矿床的研究发现,含稀土元素主要矿物为黑云母辉石岩中岩浆成因的副矿物磷灰石,但国外有研究表明,产出于超镁铁质岩钪矿床中的钪元素主要分布于辉石矿物中,这完全不同于花岗伟晶岩型钪矿床中元素赋存在独立钪钇石等矿物中的特征,钪元素如何在地幔岩浆成因的岩石和矿物中实现富集是一个很值得探索的重大科学命题。

3. 超镁铁质岩型钪矿床的成矿理论

近年来在青海省柴北缘发现多处与花岗岩有关的稀土、稀有金属矿,然而成矿理论研究薄弱,制约着找矿成果的突破。本书重点研究拉脊山地区超镁铁质岩型钪矿床钪的地质-地球化学行为及其过程,以期在填补超镁铁质岩型钪矿床的成矿理论空白的同时也能启发推进柴北缘花岗岩型稀土矿床成矿理论的研究进展,为青海省"三稀"资源后备基地的建立提供理论支撑。

综上所述,本书对单斜辉石岩、磷灰黑云单斜辉石岩和含硫化物磷灰黑云单斜辉石岩进行野外、岩石学、全岩地球化学、锆石 U-Pb 年代学和 Hf 同位素研究,以期深化对上庄 P-REE 矿床成因的认识,为在青海省寻找相似类型的 P、REE、Sc 矿床提供科学支撑。

1.3 研究范围和目标

1.3.1 研究范围

研究区位处青海省海东市平安区南侧拉脊山北坡,属祁连山系南端盆山结合部。地形地貌分类中属于高原山地类型。地势以南部的拉脊山体为主体,北部为湟水河水系干流河谷地带,总体地势基本特点为南高、北低。研究区内发育两条水流量变化较大的季节性河流。

本区具有明显的高原大陆性气候特征。光照充足，日照强烈，冬冷夏凉，暖季短暂，冷季漫长，四季不分明，昼夜温差变化大，冬春多大风和沙暴且雨量偏少。年均气温-0.6 ℃，最高气温25 ℃，最低气温-31 ℃。属高原高山寒温性气候。全年降水量350 mm，年蒸发量1400 mm。

本区自然景观主要为半干旱草原，处于青海东北—西藏狮泉河半干旱草原地带之青海东部凉温河谷森林山地草原亚区。区内西侧草原植被较为发育，最明显的特征之一为该景观区不同程度地接纳了风成细粒物质（黄土）沉降，局部地段有风成沙堆积。

区内植被不甚发育，山前为半农半牧地带，西矿段有山地草甸类草场（灌丛类草场）、山地草原类草场、荒漠草原类草场带状过渡，局部有沼泽类草场。海拔4000 m以上地带多为基岩裸露区或风化岩屑堆积区，物理风化作用强烈。

区内居住有汉族、藏族、回族等民族。居民点主要分布在山前河谷阶地及洪冲积扇平原农业种植地带。

1.3.2　研究目标

1. 查明拉脊山地区REE-Sc矿成矿地质环境、控矿地质条件

利用LA-ICP-MS测试并分析岩石主微量元素地球化学特征，研究含矿目标地质体岩石类型、成岩成矿地质环境，揭示该超基性岩体的地幔熔融分异过程；同时，结合大地构造背景属性分析以及地表构造特性等研究，大致查明控矿地质条件。

2. 查明拉脊山地区与超基性岩体有关的磷稀土矿床中P、REE-Sc元素赋存状态特征和元素赋存矿物

采用电子探针测试和矿物晶格X射线衍射分析技术手段对拉脊山成矿带与超基性岩体有关的稀土矿床中不同矿物中的REE及Sc赋存特征进行高分辨率微区显微识别测试，以此研究REE（Sc）成矿元素的赋存矿物相、不同矿物相中所赋存REE和Sc元素的位态和价态形式，阐释REE（Sc）元素运移、赋存状态转化和富集过程。

3. 确定上庄磷稀土钪矿床成矿时代，建立矿床成矿模式

应用磷灰石和榍石单颗粒原位激光剥蚀及锆石U-Pb同位素定年技术，对赋矿岩石中副矿物磷灰石和榍石及锆石进行高精度测年，以此研究确定矿床成矿时代，为建立矿床成矿模式提供基础条件。

4. 阐明成矿流体物质来源及成矿动力学机制

利用系统的岩相学、流体包裹体和锆石 Hf 同位素地球化学特征分析等方法，判断成矿熔（流）体物质来源，研究区域成矿动力学机制，并预测拉脊山地区超基性岩型稀土、钪矿找矿远景区，实现该地区找矿突破。

1.4　研究思路和总体方案

运用岩浆岩石学、区域成矿学和现代矿床学理论，采用矿物岩石学、成矿构造学、矿床地球化学（常量元素、微量元素、稀土元素和流体包裹体地球化学）、电子探针射线显微分析、LA-ICP-MS 测试技术、同位素地球化学等研究方法，通过理论与实践相结合、野外工作和室内研究相结合，进行综合研究。

在充分收集和消化前人基础地质研究与矿产资源勘查资料的基础上，针对制约本区找矿突破的关键问题，以区域成矿学和找矿系统学为指导，区域构造-成岩-成矿为主线，以成矿地质背景、成矿系统和演化、矿床模式为基础，依据宏观资料分析和具体预测区找矿要素解剖相结合，区域基础地质研究和典型矿床研究相结合，路线地质剖面、矿点异常调查与室内测试分析相结合，科研和矿产勘查相结合的技术路线，力争使该区的地质找矿工作有较大突破。

1.5　技术路线和研究方法

1.5.1　技术路线

（1）资料收集整理：收集区域上与研究内容相关的文献及地质资料，掌握研究区地质概况和研究现状（图 1.3）。

（2）野外地质观察：详细了解上庄基性-超基性岩体的空间展布规律、岩石组合及不同岩相的接触关系，并系统采集样品。

（3）岩石学研究：观察和记录岩石的镜下特征，初步鉴定岩性，主要包括矿物组成、结构和特殊矿物，确定岩性。选择代表性样品进行岩石成分分析，并开展全岩和单矿物测试分析。

（4）U-Pb 同位素年代学研究：挑选代表性样品进行锆石和榍石 U-Pb 定年。根据阴极发光图像（CL）和 Th/U 比值确定其成因，确保年龄有地质意义。

（5）主微量元素地球化学研究：对测试数据整理并做判别图解。分析单斜辉石岩、富 P-REE 单斜辉石岩和含硫化物富 P-Fe-REE 单斜辉石岩的组成差别和

REE、Sc 含量变化，确定成矿元素富集岩体的特征。根据地球化学判别图解确定来源于演化最弱岩浆的岩石，依此来判定岩石成因和构造背景。根据全岩和单矿物组成特征探讨岩浆演化过程和 REE、Sc 的富集过程。

（6）综合分析：在综合以上研究结果的基础上，深入讨论 REE、Sc 的富集机制，如源区富集、岩浆演化过程富集（部分熔融和分离结晶），确定成矿有利条件和对区域找矿预测的指示标志。

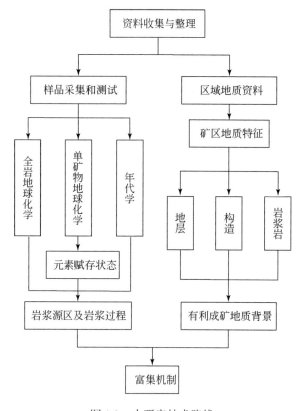

图 1.3   本研究技术路线

1.5.2   研究方法

1. REE-Sc 矿成矿地质环境、控矿地质条件研究所用技术方法

研究利用 LA-ICP-MS 测试并分析岩石主微量元素地球化学特征，研究含矿目标地质体岩石类型、成岩成矿地质环境，揭示该超基性岩体的地幔熔融分异过程；同时，结合大地构造背景属性分析以及地表构造特性等研究，大致查明控矿地质

条件。

2. 元素赋存状态特征和元素赋存矿物研究所用技术方法

研究采用 AMICS 矿物全分析系统、电子探针测试和矿物晶格 X 射线衍射分析技术手段对拉脊山成矿带与超基性岩体有关的稀土矿床中不同矿物中的 REE 及 Sc 赋存特征进行高分辨率微区显微识别测试，以此研究 REE（Sc）成矿元素的赋存矿物相、不同矿物相中所赋存 REE 和 Sc 元素的位态和价态形式，阐释 REE（Sc）元素运移、赋存状态转化和富集过程。

AMICS 矿物全分析系统工作实验条件：加速电压 20 kV，工作台距离（WD）8.5 mm，高真空模式，背散射电子探测器（HDBSD），物镜光阑 60 μm，High Current（高电流）模式（朱丹等，2021）。能谱采用标准 Si、P、Ca 等实验室标准样品进行校对。矿石化学分析采用《硅酸盐岩石化学分析方法　第 28 部分：16 个主次成分量测定》（GB/T 14506.28—2010）完成，矿石稀土元素测试采用向兆（2019）的区域地球化学分析方法完成，磷灰石、榍石矿物元素采用《微束分析　原子序数不小于 11 的元素能谱法定量分析》（GB/T 17359—2023）分析确定。多元素分析相对误差为±2%，所有元素检测下限为 0.01%。

3. 矿床成矿时代与矿床成矿模式研究所用技术方法

应用磷灰石和榍石单颗粒原位激光剥蚀及锆石 U-Pb 同位素定年技术，对赋矿岩石中副矿物磷灰石和榍石及锆石进行高精度测年，以此研究确定矿床成矿时代，为建立矿床成矿模式提供基础条件。

4. 成矿熔体物质来源及成矿动力学机制研究所用技术方法

利用系统的岩相学、流体包裹体和锆石 Hf 同位素地球化学特征分析等方法，判断成矿熔体物质来源，研究区域成矿动力学机制，并预测拉脊山地区超基性岩型稀土、钪矿找矿远景区，实现该地区找矿突破。

1.6　分　析　方　法

1.6.1　岩相学、矿相学研究

岩石薄片磨制和鉴定在青海省青藏高原北部地质过程与矿产资源重点实验室完成，探针片磨制、喷碳及矿物电子探针（EPMA）成分测试分析均在湖北省地质实验测试中心完成。

黑云母和磷灰石单矿物主量元素原位测试应用电子探针（EPMA）方法，测试所用仪器型号为 EPMA-1720H，测试采用《硅酸盐矿物的电子探针定量分析方法》（GB/T 15617—2002），测试过程中的主要参数为：加速电压 15 kV，探针电流 2.0×10^{-8} nA，束斑直径 5 μm，检出限为 0.01%。磁铁矿、磷灰石单矿物微量元素原位测试应用激光剥蚀电感耦合等离子体质谱仪（LA-ICP-MS）方法，测试仪器采用美国 Coherent 公司生产的 GeoLasPro 全自动版 193 nm ArF 准分子激光剥蚀系统（LA）和美国 Agilent 公司生产的 7700X 型电感耦合等离子质谱仪（ICP-MS）联用，测试过程主要参数：激光束斑直径为 32 μm，频率为 7 Hz。对分析数据的离线处理采用软件 ICPMSDataCal 完成。

1.6.2　成岩成矿时代研究

1. 锆石 LA-ICP-MS 微区原位 U-Pb 同位素定年和微量元素分析

锆石 U-Pb 同位素定年和微量元素含量在武汉上谱分析科技有限责任公司利用 LA-ICP-MS 同时分析完成。详细的仪器参数和分析流程见 Zong 等（2017）。GeolasPro 激光剥蚀系统由 COMPexPro102 ArF 193 nm 准分子激光器和 MicroLas 光学系统组成，ICP-MS 型号为 Agilent7900。激光剥蚀过程中采用氦气作载气、氩气为补偿气以调节灵敏度，二者在进入 ICP 之前通过一个 T 形接头混合，激光剥蚀系统配置有信号平滑装置（Hu et al.，2015）。本次分析的激光束斑和频率分别为 24 μm 和 80 Hz。U-Pb 同位素定年和微量元素含量处理中采用锆石标准 91500 和玻璃标准物质 NIST610 作外标分别进行同位素和微量元素分馏校正。每个时间分辨分析数据包括大约 20～30 s 空白信号和 50 s 样品信号。对分析数据的离线处理（包括对样品和空白信号的选择、仪器灵敏度漂移校正、元素含量及 U-Pb 同位素比值和年龄计算）采用软件 ICPMSDataCal（Liu et al.，2010b，2008）完成。锆石样品的 U-Pb 年龄谐和图绘制和年龄加权平均计算采用 Isoplot/Ex_ver3（Ludwig，2003）完成。

锆石阴极发光图像拍摄在武汉上谱分析科技有限责任公司完成。仪器为高真空扫描电子显微镜（JSM-IT300），配备 Delmicsparc 阴极荧光探头。工作电压为 0.5～30 kV，灯丝发射电流为 72 μA。能谱分析测试条件加速电压一般为 20～30 kV，工作距离 9.5～10.5 mm。

2. 榍石 LA-ICP-MS 微区原位 U-Pb 同位素定年和微量元素分析

榍石 U-Pb 同位素定年在武汉上谱分析科技有限责任公司利用 LA-ICP-MS 同时分析完成。GeolasProHD 激光剥蚀系统由 COMPexPro102 ArF 193 nm 准分子激光器和 MicroLas 光学系统组成，ICP-MS 型号为 Agilent7900。本次分析的激光束斑、频率和能量密度分别为 32 μm、5 Hz 和 5 J/cm^2，激光剥蚀过程中采用氦气作载气、氩气为补偿气以调节灵敏度，二者在进入 ICP 之前通过一个 T 形接头混合（Günther and Heinrich，1999；Luo et al.，2018a），该激光剥蚀系统中使用了信号平滑和除汞装置，以获得平滑信号并降低汞信号（Hu et al.，2014）。在剥蚀池前加入少量（4.1 mg/min）水蒸气，以提高分析准确度和精密度（Luo et al.，2018b）。每个单点分析数据包括大约 20 s 空白信号和 50 s 样品信号。锆石 91500（Wiedenbeck et al.，1995）作为外标以进行 Pb/U 分馏和质量歧视校正，榍石 MKED1 作为未知样品进行分析。在本书中，MKED1 的 20 次分析中获得的 ^{206}Pb/^{238}U 年龄加权平均值为 1518 Ma，与参考年龄 1517.32±0.32 Ma 一致（Spandler et al.，2016）。玻璃标准物质 NIST610 作外标进行微量元素含量校正（Liu et al.，2010a）。对分析数据的离线处理（包括对样品和空白信号的选择、仪器灵敏度漂移校正、元素含量及 U-Pb 同位素比值和年龄计算）采用软件 ICPMSDataCal（Liu et al.，2010b）完成。榍石样品的 U-Pb 年龄谐和图绘制和年龄加权平均计算采用 Isoplot/Ex_ver3（Ludwig，2003）完成。

3. 褐帘石 LA-ICP-MS 微区原位 U-Pb 同位素定年和微量元素分析

在中国地质大学（武汉）地质过程与矿产资源国家重点实验室，采用 LA-ICP-MS 对样品 SZ3-1 进行原位褐帘石（allanite）的 U-Pb 地质年代学研究。激光剥蚀采用波长为 193 nm 的氟化氩（ArF）准分子激光器（RESOlution-S155），在每秒 5 次的重复频率下，持续 40 s，使用氦气作为载气将剥蚀物质传输到 Thermo iCAP Qc ICP-MS 仪器中。每次分析中采集到 ^{202}Hg、^{204}（Pb+Hg）、^{206}Pb、^{207}Pb、^{208}Pb、^{232}Th 和 ^{238}U 的信号。采用锆石标准物质 91500 作为外部标准，通过标样-样品-标样技术监测仪器漂移和激光诱导的元素分馏。Burn 等（2017）确定锆石是优先用于褐帘石年代测定的参考物质，而不是目前所有可用的褐帘石参考物质。为了评估结果的准确性，还使用了另外一种标准物质 SA01（Huang et al.，2020）。对 10 个分析点进行分析，得到了加权平均的 ^{206}Pb/^{238}U 年龄为 534 ± 1 Ma，与推荐的 535.1±0.3 Ma（Huang et al.，2020）的年龄一致。褐帘石样品的 U-Pb 年龄谐和图绘制和年龄加权平均计算采用 IsoplotR（Vermeesch，2018）完成。

1.6.3 稀土-钪赋存状态研究

样品测试均在湖北省地质实验测试中心开展，从工艺矿物学角度对该地区矿石中载钪矿物种类、含量、钪元素赋存状态及嵌布特征开展研究。利用背散射电子图像以灰度区分不同类型矿物相及矿物连生关系；同时利用电子探针及扫描电镜-能谱仪测试辉石的主量成分；采用 LA-ICP-MS 微区点/面分析法对单斜辉石进行成分分析，确定其主微量、成矿元素 Sc 的含量和赋存特征。

1. 单矿物原位主量元素分析

用 JXA-8230 电子探针测定了单斜辉石的主量元素组成。加速电压 15 kV，束流 20 nA，束流直径 2～4 μm。不同元素的峰值计数时间为 10～30 s，背景持续时间为 20 s。数据缩减随 ZAF 校正程序进行，被测元素的精密度优于 1%。应用 Geokit 程序对 EPMA 分析获得的单斜辉石成分数据进行计算，该计算以 6 个氧原子为基础。根据各元素之间的相关性，结合国际矿物学协会（IMA）给出的单斜辉石命名原则（Morimoto，1988），对各离子在单斜辉石的 M2、M1 和 T 位置进行了分配，并计算了单斜辉石各端元组分的百分比。

2. 单矿物原位微量元素分析

使用 Coherent 公司的 GeolasPro 全自动版 193 nm ArF 准分子激光剥蚀系统及安捷伦 7700x 型等离子质谱仪，通过激光剥蚀电感耦合等离子体质谱仪（LA-ICP-MS）在薄片上获得单斜辉石的微量元素组成。分析参数采用点分析激光束斑为 44 μm，每个测试点分析数据包括背景采集 10 s，样品剥蚀 40 s，管路吹扫 10 s，NIST 610 为外标对微量元素数据进行定量，标准样品每隔 8 个点分析后测定，同位素 ^{43}Ca 作为内标对数据进行校正。面分析采用激光束斑为 32 μm，扫描速度 32 μm/s，频率 10 Hz，最终数据图像使用 Heatmap 软件处理。元素含量数据使用 ICPMSDataCal 10.1 进行时间漂移校正和数据校准处理分析，精度优于 10%。

3. 电子背散射衍射（BSD）分析

电子背散射衍射（BSD）由一台 ZEISS Sigma 300 型高分辨率场发射扫描电子显微镜（FESEM）和一台 Bruker XFlash 6|60 型 X 射线能谱仪（EDS）组成。实验条件：加速电压 20 kV，高真空模式，工作距离 8.5 mm 左右，背散射电子探测器（HDBSD），物镜光阑 60 μm，High Current 模式。数据采集和处理采用牛津大学 HKLTechnology APS 有限公司设计的 CHANNEL 5 软件实现。

第 2 章　区域成矿地质背景

2.1　构造单元及其基本特征

研究区位于青藏高原东北缘秦祁昆造山系次级构造单元祁连造山带，祁连造山带处于青藏高原的东北缘，是原特提斯洋闭合过程中，由阿拉善和柴达木地块拼合的产物，常见蛇绿岩残片、海山、岛弧、弧前/弧后盆地等多个构造单元，属典型的增生型造山带（Xiao et al.，2009），表现为在多个元古宙微陆块周缘分布有蛇绿岩和岛弧火山岩的特征（付长垒和闫臻，2017）。其大地构造单元组成通常被划分为北祁连构造带、中祁连构造带和南祁连构造带（冯益民等，2002；付长垒等，2018；董云鹏等，2022）（图 2.1），祁连造山带中存在多条以蛇绿混杂岩为主的增生杂岩带（许志琴等，1994；张建新和许志琴，1995；邱家骧等，1997；曾广策等，1997；史仁灯等，2004；Xiao et al.，2009）。研究区涉及中祁连构造带和南祁连构造带，但主要研究对象——上庄磷稀土钪矿床位处的拉脊山蛇绿混杂岩带属于南祁连构造带（图 2.1），该蛇绿混杂岩是中祁连和南祁连构造带之间蛇绿混杂带的重要组成部分，由橄榄岩、蛇纹岩、辉长辉绿岩、枕状玄武岩、硅质岩、灰岩、杂砂岩及硅质泥岩等共同组成（闫臻等，2012）。根据构造地层学、地球化学、年代学和地球物理资料的分析，祁连造山带从寒武纪到泥盆纪经历了复杂的俯冲—增生演化过程（Xiao et al.，2009；Li et al.，2017）。

2.1.1　中祁连构造带

中祁连构造带通常被认为具有地块属性，其主要由前寒武纪结晶基底和早古生代岩浆岩及覆于其上的晚古生代—中生代沉积地层组成（冯益民和何世平，1996），出露最早地层为结晶基底古元古界湟源群老变质岩，湟源群中变质火山岩和侵位于湟源群中的响河尔花岗岩的年龄分别为 910 Ma 和 917 Ma（郭进京等，2000）。出露岩浆岩主要由 I 型（花岗闪长岩）和 S 型花岗岩（如二云母花岗岩）组成（张旺生等，2003；李建锋等，2010；Huang et al.，2015；Yan et al.，2015；Yang et al.，2016）。在本书涉及研究区内出露地层主要为中元古界长城系湟中群、古近系—新近系西宁组和第四系等，未有岩浆岩分布。

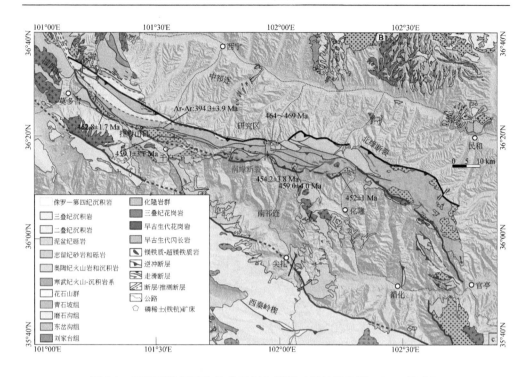

图 2.1　研究区及邻区构造单元划分简图（据付长垒等，2018 修改）

2.1.2　拉脊山蛇绿混杂岩带

拉脊山构造带呈近东西向展布，属南祁连加里东造山带。地表出露主体部分西起日月山，向东延伸至青海省海东市民和县官厅镇，长 200 km，宽 10～30 km。拉脊山构造带南侧以拉脊山南缘断裂为界与南祁连构造带相邻，北缘以拉脊山北缘断裂与中祁连地块相接，两条断裂均为区域性深大断裂。拉脊山构造带内出露大量早古生代玄武岩和镁铁-超镁铁质岩体。玄武岩随着低绿片岩相条件下典型矿物组合的发育而发生蚀变。斜长石斑晶大部分被绢云母、绿泥石和碳硅钙石所取代，辉石斑晶已蚀变为绿泥石、碳硅钙石、阳起石和碳酸盐（侯青叶等，2005）。镁铁-超镁铁质岩体由橄榄岩、辉石岩、辉长岩和辉绿岩组成，其中部分岩体因呈透镜状分布于震旦系青石坡组（付长垒等，2014；闫臻等，2012）中而被解释为蛇绿岩，但部分被认为是与弧相关的岩浆岩（邱家骧等，1995；Song et al.，2014），如德家、元石山、上庄、柳台沟岩体等。上庄超镁铁质岩体是拉脊山带唯一赋存 Fe-P-REE 矿化的侵入体。

拉脊山构造带记录了新元古代至早古生代大陆裂解和洋盆演化历史（邱家骧等，1995；Song et al.，2014）。然而，拉脊山构造带早古生代的构造背景仍存在争议。前人研究提出了三种观点，即陆内裂谷、地幔柱和俯冲带。部分学者认为拉脊山构造带的构造体制从早-中寒武世的陆内裂谷转变为晚寒武世的陆间洋盆（邱家骧等，1995；杨巍然等，2000）；另有研究者基于拉脊山构造带中与 OIB 具有相似 REE 配分模式和微量元素蛛网图的碱性玄武岩，提出了一个洋内背景的论点，认为其最有可能是与地幔柱有关的大洋高原（侯青叶等，2005）；也有学者提出拉脊山构造带是与大洋俯冲有关的蛇绿混杂岩（SSZ 型蛇绿岩）（邱家骧等，1995；Song et al.，2014；Yan et al.，2015）。此外，拉脊山带晚寒武世 491 Ma 蛇绿岩由洋中脊（付长垒等，2014；闫臻等，2012）形成的 OIB 和 MORB 碎片组成，它们被认为是早古生代拉脊山俯冲洋壳的残片（付长垒等，2014），被认为是原特提斯洋的一部分（Yan et al.，2015）。Wang 等（2017）认为上庄岩体源岩为陆下岩石圈地幔（SCLM）受交代作用形成的 EM I 地幔岩，源区指示了俯冲的构造环境。

近年来，学者基于拉脊山地区进行的大量岩石学研究，建立了拉脊山地区的构造演化框架，认为拉脊山地区是原特提斯洋分支洋扩张，并于 525～490 Ma 期间向北俯冲过程中形成的 SSZ 型蛇绿岩（付长垒等，2014，2018；Yan et al.，2015；付长垒和闫臻，2017；董云鹏等，2022）；在 490～440 Ma 期间，大洋盆地持续向北俯冲消减，形成弧相关岩浆岩（Yan et al.，2015；董云鹏等，2022），发育大量的超镁铁质岩、中基性火山岩、花岗岩（崔加伟等，2016；付长垒等，2018；Yan et al.，2019a；牛漫兰等，2021）。因此，这些不同类型的岩石被解释为岛弧的背景（付长垒等，2018；Yan et al.，2019b），并根据岩石组合灰岩透镜体中的晚寒武世三叶虫化石（钟明杰，1964），及熔岩中的锆石 U-Pb 同位素年龄，共同限定拉脊山洋盆的俯冲至少存在于 440～525 Ma。

2.1.3　南祁连构造带

南祁连岩浆岩带是介于柴达木地块和中祁连地块之间的弧形增生体系（潘桂棠等，2002；崔军文等，2006；秦宇，2018；牛漫兰等，2021），主要由寒武系（六道沟组）至早奥陶世蛇绿岩序列组成，包括枕状苦橄岩、海岛拉斑玄武岩、辉长岩、超镁铁质岩，记录了早古生代南祁连洋的闭合以及柴达木与中祁连地块的碰撞（付长垒等，2014）。蛇绿岩层序中的中奥陶统弧状火山岩，包括细碧岩、枕状玄武岩、火山碎屑岩和安山岩斑岩，被加里东期花岗岩侵入（陆松年等，2002）。

拉脊山构造带南缘的化隆群经历了绿片岩-角闪岩相变质作用，主要由一套以石英岩、黑云母石英片岩、二云母片岩、石英片岩、角闪片岩、黑云斜长片麻岩、混合片麻岩和混合岩为主体的、变质程度较深的中-深变质岩系组成，层间有少量石英岩和大理岩。区域构造演化史中，化隆群基底岩系大致经历了 2 期主要的褶皱变质事件。第 1 期为大型平卧褶皱并伴随有中低级区域变质作用，第 2 期为斜歪变形褶皱伴随 917±17 Ma 的碰撞型花岗岩带侵位（张照伟等，2012）。

2.2 研究区主要岩石

2.2.1 地层

1. 中元古界长城系湟中群

长城系湟中群由下部磨石沟组和上部青石坡组组成，磨石沟组岩层稳定，岩性相对简单，以块层状和厚-巨厚层状石英岩为主，底部为一套石英质碎裂岩，中部为一套厚-巨厚层状、块层状石英岩，其顶部厚层状石英岩减少，主要为中层状、块层状石英岩夹石英片岩、千枚岩及绢云母石英片岩，见大量石英脉贯入（赵生贵，1996）；青石坡组岩性以千枚岩、泥钙质板岩等浅变质岩为主，局部夹少量变火山岩，顶部以白云质碳酸盐岩为界，与蓟县系克素尔组分开，下部与磨石沟组以石英碎屑岩的出现而分界。湟中群变质火山岩的单颗粒锆石 U-Pb 年龄为 910 Ma（Yang et al.，2002）。

变质岩石类型主要为绿泥绢云千枚岩、黑色粉砂质板岩、绢云泥质板岩。湟中群变质程度较低，岩石的原始面貌基本没有变化，只有石英岩变化较为明显，残余结构构造少见。其他表现在部分泥质岩变质为千枚岩和板岩，而砂岩、粉砂岩表现出胶结物的重结晶和碎屑增生加大。碳酸岩表现为重结晶为微细粒状。石英岩原岩为石英砂岩或长石石英砂岩，千枚岩与板岩原岩为泥质岩。

与该套变质岩有关的矿产主要为磷矿等，成矿类型为受变质型，成矿时代为中元古代。代表性矿产地有湟中县黑沟峡磷矿床等。

2. 苗岭统—芙蓉统六道沟组（$\in_{3-4}l$）

六道沟组广泛分布于拉脊山蛇绿混杂岩带，主体出露于研究区中南部，该套地层的下部岩石组合为安山质凝灰岩、千枚岩（千枚状板岩）、砂岩、硅质岩、灰岩和少量呈透镜状产出的安山质熔岩；上部熔岩绝大部分为安山岩，夹有少量玄武岩，少有正常沉积岩夹层出现。前人矿区不同比例尺精度填图表明，六道沟组岩石地层之间的界线多呈较明显的断层接触，具有明显的网结状拼合特征。

总体下部岩石组合自下到上表现为正向喷发旋回，碎屑岩中含植物孢粉，灰岩中含球接子类三叶虫（*Idolagnostus*，*Acmarhachis*，*Ammagnostus*，*Hadragnostus*，*Proagnostus*，*Clavagnostus*，*Oedorhachis*，*Nahannagnostus*，*Iniospheniscus*，

Tomagnostella，*Pseudagnostus*，*Hypagnostus* 等属）（林天瑞等，2015）、腕足动物化石，表明苗岭统—芙蓉统为海相沉积。火山岩的 Fe_2O_3 / FeO 比值小于 1，说明海水较深且处于还原环境；上部厚层基性熔岩中存在枕状熔岩，且夹大理岩，说明六道沟组处于浅海到深海环境。顶部出现大量紫灰色熔岩以及红色铁质硬砂质长石砂岩夹层，表明水体变浅。

　　六道沟组微量元素数据（表 2.1）分析表明（青海省地质调查院，2007），该套地层的 Cu、Pb、Zn、Sn 元素的平均含量为克拉克值的几倍至十几倍，且变化系数较大（一般＞0.50～3，最高可达 4.90），由断裂分隔的六道沟组不同岩石之间差异明显；Ag、Mo、W、Au 样品少，但含量接近于克拉克值的十几甚至数十倍，说明这些元素在岩石中初始富集，或有可能局部岩石受后期含矿热液交代影响；Cr 的平均含量约为克拉克值的两倍，略高于基性岩平均含量（200×10^{-6}），Ni、Co 的平均含量略高于克拉克值，可能受到岩石中的镁铁质侵入体影响；P_2O_5 含量达 3650×10^{-6}，可能与区域上寒武纪地层的高含磷特性相关，高场强元素 Zr、La、Yb 的平均含量一般为克拉克值的 1～3 倍，Ce 样品极少但平均含量高，为 550×10^{-6}，这些都表明晚期热液交代显著，且经历了高温—中温—低温的漫长过程，尤其中低温热液活动显示较好；与 K 关系密切的 Ba、Sr 的平均含量低于克拉克值，说明碱质交代作用影响弱；Be、V、Ti 的平均含量低于克拉克值，与海相喷发、还原条件较弱有关；Mn 的平均含量相当于克拉克值的一倍多，与硅质岩关系密切。区域内与该套地层有关的矿产主要有金、铜、铁、磷、玄武岩、石灰岩等。

表 2.1　六道沟组微量元素平均含量统计表　　（单位：10^{-6}）

元素	Be	Ba	Sr	Cu	Pb	Zn	Ga	Ag	Au	Sn	Cr	Ni	Co
平均含量	2.4	398	212	132	71	138	13	26*	300*	26	210	80	31

元素	V	Ti	Mn	W	Mo	Zr	La	Y	Yb	Ce	Nb	P_2O_5	
平均含量	127	3490	1017	100*	10	239	100	27	3.2	550	45	3650	

注：①平均含量系根据各块段平均含量再次平均所得；②带*者意为分析样品数量较少。

2.2.2　侵入岩

　　区内侵入岩不甚发育，主要出露一套基性-超基性岩，呈岩体状产出，产状与拉脊山北缘深大断裂构造产状基本一致。岩体侵入于苗岭统—芙蓉统海相碎屑岩、火山岩夹碳酸盐岩，北端与长城系浅变质地层为断层接触。该岩体空间上集中分布于东侧上庄的红墙峡、响河峡一带（东岩体，出露面积约 0.84 km²）和西侧的猴儿岭北一带（西岩体，出露面积约 0.56 km²），宏观上东西岩体共同组成 EW 向展布的岩带，东西长约 5000 m，南北宽约 25～700 m。

上庄镁铁-超镁铁质岩体主要由单斜辉石岩、磷灰黑云单斜辉石岩两个岩相带组成，后者岩性以是否含硫化物而区分为磷灰黑云单斜辉石岩和含硫化物磷灰黑云单斜辉石岩。磷灰黑云单斜辉石岩相带组成磷稀土矿床，岩相带内产出数十条磷稀土矿体，呈宽数米至数百米不等的条带状展布；钪矿化体在两个岩相带中均有产出，但主要富集于磷灰黑云单斜辉石岩相带，矿化体分布与辉石岩产状一致。

单斜辉石岩主要组成矿物为单斜辉石（约 88%），其次为黑云母（约 10%），岩石地球化学组分中 SiO_2 为 49.35%～50.14%，为基性岩，镁铁比值 m/f 为 5.25～6.55，属镁质超镁铁质岩；磷灰黑云单斜辉石岩组成矿物主要有单斜辉石（约 70%）、黑云母（13%）、磷灰石（约 8%）、榍石（约 3%）、磁铁矿（约 5%）等，SiO_2 为 38.4%～46.62%，均值为 42.83%，为超基性岩，镁铁比值 m/f 为 1.59～2.17，属铁质超镁铁质岩；含硫化物磷灰黑云单斜辉石岩中主要矿物为单斜辉石（约 60%）、黑云母（约 13%）、磁铁矿（约 10%）、磷灰石（约 6%）、榍石（约 4%）、硫化物（约 0.5%）等，SiO_2 为 34.53%～38.74%，为超基性岩，镁铁比值 m/f 为 0.78～0.97，属富铁质超镁铁质岩。在 SiO_2-Alk 图解中，三种岩石均位于 SiO_2 不饱和的碱性岩系列范围。

2.2.3 变质岩

研究区变质岩以长城系和苗岭统—芙蓉统浅变质地层为主，长城系湟中群变质岩石类型主要为绿泥绢云千枚岩、黑色粉砂质板岩、绢云泥质板岩。湟中群变质程度较低，岩石的原始面貌基本没有变化，只有石英岩变化较为明显，残余结构构造少见。其他表现在部分泥质岩变质为千枚岩和板岩，而砂岩、粉砂岩表现出胶结物的重结晶和碎屑增生加大；碳酸岩表现为重结晶为微细粒状；石英岩原岩为石英砂岩或长石石英砂岩，千枚岩与板岩原岩为泥质岩。

拉脊山蛇绿混杂岩带构造变形以韧性剪切变形为主，后期叠加强烈的脆性断裂变形。蛇绿混杂岩带中韧性剪切带宽一般 80～150 m，局部可达 200～300 m。糜棱面理产状变化大。带内岩石主要为糜棱岩、千糜岩及糜棱岩化岩石，发育糜棱面理，长英质矿物具明显的压扁拉长定向，呈碎斑状，暗色矿物围绕碎斑呈流动状或条带状分布。带内发育的同构造分泌脉发生剪切变形形成流动状构造、囊状碎斑系、S-C 组构等。混杂岩带中发育广泛的顺层面理和同构造分泌脉。主要有流劈理、片理和糜棱面理。

2.3　研究区构造变形及主要断裂

研究区构造变形强烈，付长垒和闫臻（2017）将该地区构造带构造变形划分为四期：第一期构造变形表现为 NE-SW 向挤压变形，以发育同斜紧闭褶皱、S-C 组构、透入性面理和倾向 SW 逆冲断层为典型特征，是 480~470 Ma 洋内弧与中祁连微陆块碰撞所致；第二期构造变形表现为 NE-SW 向挤压变形，是 470~450 Ma 原特提斯洋向北俯冲过程中形成的，露头上表现为同斜紧闭褶皱、S-C 组构、透入性面理和倾向 NE 的逆冲断层组合；第三期构造变形表现为左行走滑剪切变形，可能是化隆微陆块与中祁连微陆块于 450~394 Ma 发生斜向俯冲-碰撞过程中形成的；第四期构造变形表现为垂向方向上的缩短变形，形成于俯冲-增生后期的造山带隆升过程。

拉脊山北缘断裂：系党河南山-拉脊山蛇绿混杂岩带北界断裂，区域上又称中祁连南缘断裂，构成中祁连岩浆弧与南祁连岩浆弧的分界。呈北西向延伸，东西两端延入甘肃省，省内断续长约 620 km。

西段和东段断层标志明显，中段由于第四系覆盖，多呈隐伏状态。断面总体北东倾，倾角 50°~65°。断裂切割古元古界、中元古界、下古生界、古近系等。西段构成了化隆岩群与宗务隆蛇绿混杂岩的分界，东段主要沿化隆岩群与湟中群或西宁组之间分布，表明具长期活动性。青海省地质调查院（2019）认为其具有深断裂属性，主要依据是：①延伸长。省内长 35 km，区域上跨省达 620 km。②具长期活动性。最早约形成于中元古代初期，作为大通山陆间拗陷的南界控制了湟中群和花石山群的沉积与分布；新元古代南隆北拗，南侧南祁连陆块总体处于隆升剥蚀状态，普遍缺失相应的沉积记录；而北侧中祁连陆块在区域上局部产生陆内拗陷，沉积一套具克拉通盆地相的龚岔群和龙口门组。早古生代是断裂的强烈活动时期。早期可能为一北倾的正断层，控制拉脊山有限洋盆的形成与发展，中晚期表现为强烈挤压的逆断层，使小洋盆闭合消亡，并控制日月山-化隆岩浆弧带的形成与发展，此时作为一个俯冲带的主断裂是向南西方向倾斜的。晚古生代—中生代，已由先成的结合带主断裂转变为陆壳消减带。结合区域资料分析，在大部分时间里，总体处于北隆南拗状态，致使北侧以海陆相沉积为主，而南侧则相反，为海相沉积。中生代晚期—新生代具右行斜冲性质，在区域上控制化隆盆地和西宁盆地的形成与发展。第四纪以来断裂活动仍未停息，在日月山一带断裂带各段晚更新世以来活动性较一致，对比获得年龄数据为 24~29 ka、10~11 ka 和 2~7 ka（黄帅堂，2016）。该断裂为一孕震构造，但地震活动水平较低。③深度大，作为岩浆活动的通道切割古元古代结晶岩系，深达硅镁质层。因此，在区域上沿断裂发育蛇绿混杂岩，同时又有大量的加里东期幔源型中酸性岩体侵入，属岩石圈断裂。④分野二级构造单元。北为中祁连陆块，南为南祁连陆块，二者结构差异甚大，北侧广泛出露元古宇变质岩系，而南侧在区域上早古生代活动型沉积甚发育。⑤地球物理场界面。北侧为较强的磁性带，南侧为弱磁性带。电磁、地震测深资料表明，深部陡倾，下延 30～39 km，电性层错位明显，错距 7.5 km（青海省地质调查院，2019）。

拉脊山南缘断裂：系党河南山-拉脊山蛇绿混杂岩带南界断裂。起自苏里-哈拉湖，南东向延伸，过民和县境后跨至甘肃省。地表断续出露，多数区域与疏勒南山-拉脊山北缘断裂相交，总长度较短。断裂总体走向近东西，断面北倾，倾角 50°～70° 不等。断裂切割蓟县系，上泥盆统、上白垩统、古近系等诸多地层。上盘蓟县系向南逆覆于下盘寒武系、奥陶系、泥盆系、白垩系、古近系之上，而且常使上盘蓟县系的产状发生倒转，总体表现出明显的逆断层性质。与主断裂一起形成一系列叠瓦式逆冲断裂组合。沿断裂发育数十米至百余米的挤压破碎带。带内构造岩、挤压片理、构造透镜体、牵引褶曲发育。局部出露浅层次的韧性剪切带，带内糜棱岩、S-C 组构、旋转碎斑发育。

作为拉脊山结合带南部边界断裂，与拉脊山结合带主断裂具有同步的发育演化史，具有长期活动性。早古生代主要表现为强烈的挤压，切割深度达岩石圈；晚古生代—早中生代活动限于壳内，主要表现为差异性隆升，北隆南拗，致使北侧以陆相沉积为主，南侧以海相沉积为主；在剪切带糜棱岩中获得 394.3±3.9 Ma（Ar/Ar）年龄。该次热事件，可能表明在早泥盆世中祁连陆块与南祁连陆块发生碰撞后，断裂在差异性升降的背景上，并兼有左行走滑性质（据指向构造-旋斑）。晚中生代转变为右行走滑，并与中祁连北缘托莱河-南门峡断裂一起，控制西宁拉分盆地的萌生。新生代随着青藏高原的隆升，转变为成山造盆断裂。南侧拉脊山造山带，以隆升为主，并向西宁盆地推覆侵位，西宁拉分盆地反转为挤压性质的磨拉石前陆盆地，致使盆-山格局形成。第四纪末期，特别是全新世以来，断层活动趋于减弱（青海省地质调查院，2019）。

2.4　区　域　矿　产

研究区属南祁连成矿带拉脊山 Au-Ni-Fe-Cu-P-玉石成矿亚带中的元石山复合型 Fe、Cu、Cr、Ni、P、Au 稀土矿集区。区域内矿产资源较为丰富，从已发现的矿种看，该区是金、镍、钴、磷、透辉石岩、蛇纹岩的重要矿集区，矿集区内发现有各类矿产地 48 处，其中，超大型矿床 1 处，大型矿床 2 处，中型矿床 1 处，小型矿床 8 处，矿点 36 处。累计查明资源储量：金 3.80 t，铁 1246.4 万 t，镍 9.42

万 t，钴 0.50 万 t，磷 51128 万 t，透辉石 401.7 万 t，饰面蛇纹岩 549 万 m³。青海省矿产资源潜力评价预测该区金矿 24.25 t，磷矿 167890 万 t，镍矿 5.12 万 t，钴矿 6460 t。

拉脊山基性、超基性岩带成岩时期主要为寒武纪—奥陶纪，明显见有两期，分别构造侵位于寒武系苗岭统—芙蓉统和下奥陶统，与火山岩、碎屑岩一起构成蛇绿岩建造，岩体以含铁、镍、钴、磷为特征。火山活动属陆间裂谷，与北祁连发展有类同之处，但火山活动结束时间早于北祁连，以海相基性熔岩为主，中酸性次之，成矿以金、铜为主。矿产资源主要与发育的寒武系火山-沉积岩，加里东期侵入岩、蛇绿岩关系密切，大量的铁质基性岩（辉长岩、辉绿岩）及镁质超基性岩（纯橄岩、橄榄岩、斜辉橄榄岩、蛇纹岩、菱镁岩）中含铬、铁、铜、镍、钴、磷等，代表性的矿产地有上庄磷稀土矿床、海东市元石山镍铁钴矿床，矿床类型主要有岩浆型、海相火山岩型。其中，加里东期多期次的岩浆侵入、分异，易于形成与偏碱性超基性杂岩有关的磷、稀土矿床。

研究区及邻区产出 3 处稀土矿产地（表 2.2），代表性矿床为上庄岩浆型磷稀土矿床，其余两处为矿化点，分别为湟中县南宁沟稀土矿化点和平安县俄博峡稀土矿化点，含矿岩石均为加里东期碱性岩。其中，上庄磷稀土矿床可作为具有潜力的勘探远景区。

表 2.2 研究区及邻区的稀土矿产地

矿床名称	矿床类型	矿体			主矿种及规模			
		面积/km²	数目	厚度/m	主矿种	平均品位/%	储量/万 t	表外储量/万 t
湟中县南宁沟稀土矿点	碱性岩型	0.063	4		Ce，La，Y	Ce：0.1～0.2；La：0.03～0.2；Y：0.001～0.1		
海东市上庄磷矿区西段	基性-超基性岩型	2.2	17	>1	La，Ce，Nd，Sm，Y，Yb			LRE₂O₃：20.21
湟中县上庄磷矿区东段	基性-超基性岩型	2.04	51	4～11.9	La，Ce，Nd，Sm，Y，Yb	0.08	LRE₂O₃：15.74	
海东市俄博峡稀土矿化点	碱性岩型	0.0002～0.001	10		Ce，La	La₂O₃ 为 0.05，CeO₂ 为 0.0995		

注：空白表示此项内容无数据。

第3章 典型矿床——上庄磷稀土钪矿床

矿床位于西宁市南东 34 km 处，隶属于青海省海东市平安县石灰窑乡管辖，地理坐标：东经 101°48′39″～101°52′03″，北纬 36°18′03″～36°19′08″。交通便利。

1970 年，青海省地质局第十三地质队在检查磁异常时，发现上庄单斜辉石中含有磷灰石及磁铁矿，随后在 1971 年由青海省地质三队对上庄磷矿床西段进行了勘探，并于 1973 年提交了《青海省湟中县上庄磷矿西段远景储量报告》；1971 年上庄磷矿东段由青海省地质局第十三地质队进行了勘探，于 1975 年提交了《青海省湟中县上庄磷矿东段总结勘探地质报告》。该时期勘查目的是查明矿床非金属矿产磷资源和黑色金属矿产铁资源，采用技术手段主要为矿区大比例尺测绘、填图、钻探等，结合镜下岩矿石鉴定、矿石元素化学分析含矿品位等，最终计算矿种资源量。

2015 年，青海省地质调查院王进寿等在东矿区镁铁质-超镁铁质岩体中发现了 Sc 的富集，Sc_2O_3 含量为 $82.1×10^{-6}$～$144.2×10^{-6}$，平均含量 $102.1×10^{-6}$（王进寿等，2015），远高于云南牟定矿床计算钪资源量时采用的 Sc_2O_3 下限值（$50×10^{-6}$）（郭远生等，2012；范亚洲等，2014）。

截至 2018 年，上庄磷稀土矿床探明磷矿总矿石量为 51128 万 t，P_2O_5 平均品位为 3.46%（东段）、3.03%（西段），磷矿产为超大型规模。以含磷灰石矿石伴生轻稀土氧化物品位（0.054%～0.106%）圈定矿体（杨生德等，2011），推算轻稀土氧化物资源储量规模为小型。估算钪资源量约 300 t，达大型规模。

3.1 矿床地质特征

上庄磷稀土矿区出露地质体及构造较为单一，北部主要出露长城系绿片岩相浅变质地层，与南部分布的一套寒武系苗岭统—芙蓉统海相浅变质碎屑岩+中基性火山岩组合间以区域性深断裂构造接触。镁铁质-超镁铁质岩体沿北西西向压扭性断裂构造侵入于苗岭统—芙蓉统，局部与长城系地层呈断层接触，该岩体分为东岩体和西岩体，共同组成向北凸出的弧形岩带，岩体产状与区域压扭性断裂构造产状基本一致，东西长约 5000 m，南北宽约 25～700 m，平均宽约 400 m。岩体受区域性断裂构造控制，研究区内主要由 F1、F2 断裂控制，矿区南侧展布多条次级断层。靠近含矿岩体的外接触带中，岩体局部见碱长岩脉及方解石脉穿插（西北地质科学研究所，1973）（图 3.1）。

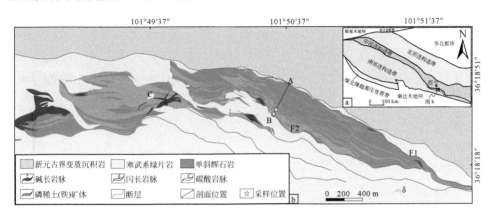

图 3.1　研究区地质简图

a. 据 Wang et al.，2017 修改；b. 据西北地质科学研究所，1973 修改

矿区出露超镁铁质岩石主要有单斜辉石岩和磷灰黑云单斜辉石岩，后者形成晚于前者（西北地质科学研究所，1973）。单斜辉石岩赋存钪，但不含磷、稀土和铁，磷灰黑云单斜辉石岩构成磷稀土（铁钪）矿床，其中产出数十条磷、稀土（铁钪）矿体，多数矿体形态呈似层状，少部分矿体形态呈透镜状或扁豆状，呈长数米至数百米不等的条带状展布，矿体产出形态与岩石产状一致，向南南西向陡倾（图 3.2）。矿区共发现大小磷稀土矿体 52 个，其中 42 个矿体分布于矿区东段。西段岩体中矿体分布范围较广，且集中分布于岩体中部，其中以 41 号矿体规模最大，在地表矿体面积约占岩体面积的 70%，东段岩体上部矿体分布较为集中，以 1、2、5、6 号矿体较大，矿体出露面积约占岩体出露面积的 25%，矿体呈北西西向斜列分布，向南西西向陡倾。断裂构造不仅控制了含矿岩体的侵入和其形态、产状，而且对组成岩体的岩相带和矿体同样起着控制作用。

矿体围岩主要为黑云母单斜辉石岩、含磁铁矿黑云母单斜辉石岩、变安山岩等。单斜辉石岩广泛发育弱蚀变作用，类型以角闪石化、碳酸盐化为主，其次有黄铁矿化和绿帘石化等，局部见绿泥石化和蛇纹石化；与单斜辉石岩体相接触的晚寒武世火山岩遭受强烈闪石化、绿帘石化、绿泥石化、碳酸盐化蚀变，黑云母化蚀变亦较发育（青海省地质局，1978）。

矿石以稀疏浸染状、细脉状为主，有用矿物为磷灰石（3%～15%）、磁铁矿（5%～15%）、少量钛铁矿及榍石，磷灰石呈浸染状分散在岩石中；其他矿物有透辉石、黑云母、黄铁矿、少量黄铜矿、绿帘石及方解石等。有益矿石矿物为磷灰石、磁铁矿、榍石、蛭石化黑云母，其他矿物有透辉石、角闪石、黄铁矿，少量黄铜矿、绿帘石、方解石及霓辉石等（西北地质科学研究所，1973）。P、REE、Sc 为矿石中主要伴生有益组分，其中 P 主要赋存于磷灰石中；稀土以轻稀土元素（La、Ce、Nd、Sm）为主，均呈类质同象离子置换方式赋存于磷灰石（TR_2O_3 平均值为 0.693%）、榍石（TR_2O_3 平均值为 1.25%）等载体矿物中，以磷灰石颗粒占绝对多数（王进寿等，2023a）；Sc 主要呈类质同象存在于透辉石中（Wang et al.，2023）。杨生德等（2011）以含磷灰石矿石伴生轻稀土氧化物品位（LR_2O_3= 0.054%～0.106%）圈定矿体，推算轻稀土氧化物资源储量 34.16 万 t（青海省自然资源厅，2022），矿床规模为小型。

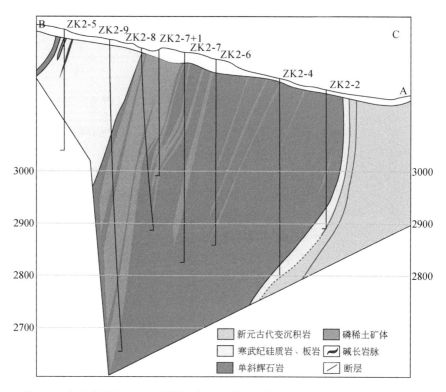

图 3.2 上庄磷稀土矿床 2 号勘探线纵向剖面（据青海省地质局，1978 修改）

含矿岩体为偏碱性基性超基性岩体群（王进寿等，2015），成岩年龄为 465 Ma，时代为中奥陶世（Wang et al.，2023），与区域内岛弧中酸性花岗岩形成时代一致（崔加伟等，2016；牛漫兰等，2021）。

3.2　矿区岩石学特征

3.2.1　岩石类型及岩相学特征

单斜辉石岩：岩石呈深灰绿色，块状构造，粒状结构，块状构造。岩石成分以单斜辉石为主（96%），少量黑云母（3%）及不透明矿物（1%）。单斜辉石呈粒状晶，无色透明，斜消光，$c \wedge N_g'$ 大于 30°，二轴晶，正光性，具完全解理，见辉石式解理，为普通辉石，彼此紧密接触，密集分布，粒径在 0.8～4.3 mm 之间。黑云母片状，色泽为褐色，片径在 0.2～0.3 mm 间，多色性显著，平行消光，零星分布于辉石间。不透明矿物他形粒状或集合体，集合体大小为 0.05～0.1 mm，较均匀分布在其他颗粒间。

黑云母单斜辉石岩（图 3.3）：岩石呈深灰绿色，粒状结构，块状构造。岩石成分为单斜辉石（61%）、黑云母（37%）及不透明矿物（2%）。单斜辉石呈粒状晶，无色透明，斜消光，$c \wedge N_g'$ 大于 30°，二轴晶，正光性，具完全解理，见辉石式解理，为普通辉石，与黑云母相间较均匀分布，粒径在 0.1～0.3 mm 之间。黑云母片状，色泽为褐色，片径在 0.2～0.5 mm 之间，多色性显著，平行消光。不透明矿物呈他形粒状或集合体，集合体大小为 0.05～0.1 mm，较均匀分布在其他颗粒间。

含磷灰石黑云单斜辉石岩（图 3.3）：岩石呈深灰绿色，粒状结构，块状构造。岩石成分以单斜辉石为主（68%），其次为次生角闪石（13%）、黑云母（11%）及少量不透明矿物（4%）、磷灰石（4%）。单斜辉石呈短柱状、粒状晶，浅绿褐色或无色，可能与含铬有关，斜消光，$c \wedge N_g'$ 大于 30°，二轴晶，正光性，具完全解理，见辉石式解理，为普通辉石，彼此紧密接触，密集分布，粒径在 0.4～1.3 mm 之间。次生角闪石呈绿色，含量由辉石控制，显角闪式解理，呈辉石假象。黑云母片状，色泽为褐色，片径在 0.2～0.8 mm 之间，不均匀分布于辉石及假象间。不透明矿物呈他形粒状或集合体，集合体大小为 0.1～0.6 mm，零星分布在辉石颗粒间。磷灰石呈粒状，粒径在 0.5～1.05 mm 之间，无色透明，一级灰白干涉色，零星较均匀分布。

含硫化物磷灰石磁铁矿黑云母辉石岩（图 3.3）：岩石呈灰绿色，粒状结构，块状构造。岩石成分以单斜辉石为主（67%），其次为次生角闪石（9%）、少量黑云母（9%）及不透明矿物（11%）、磷灰石（4%）。单斜辉石呈短柱状、粒状晶，浅绿褐色或无色，可能与含铬有关，斜消光，$c \wedge N_g'$ 大于 30°，二轴晶，正光性，具完全解理，见辉石式解理，为普通辉石，彼此紧密接触，密集分布，粒径在 0.4～

(a1)黑云母单斜辉石岩露头远照

(a2)黑云母单斜辉石岩露头近照

(a3)黑云母单斜辉石岩镜下特征（-）

(a4)黑云母单斜辉石岩镜下特征（+）

(b1)磷灰石黑云母单斜辉石岩露头远照

(b2)磷灰石黑云母单斜辉石岩露头近照

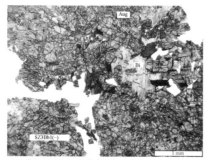

(b3)磷灰石黑云母单斜辉石岩镜下特征（-）

(b4)磷灰石黑云母单斜辉石岩镜下特征（+）

(c1)含硫化物磷灰黑云单斜辉石岩露头远照　　　(c2)含硫化物磷灰黑云单斜辉石岩近照

(c3)含硫化物磷灰黑云单斜辉石岩镜下特征（－）　(c4)含硫化物磷灰黑云单斜辉石岩镜下特征（＋）

图 3.3　上庄磷稀土矿床主要岩石类型

Aug. 透辉石；Ap. 磷灰石；Bi. 黑云母

1.1 mm 之间。次生角闪石呈绿色，多为交代辉石，显角闪式解理，呈辉石假象。黑云母片状，色泽为褐色，片径在 0.2～0.6 mm 之间，不均匀分布于辉石及假象间。不透明矿物呈他形粒状或集合体，集合体大小为 0.5～2.6 mm，零星分布在辉石颗粒间，据手标本结合镜下矿相学观察，不透明矿物主要为磁铁矿，微量黄铜矿、磁黄铁矿，孔雀石。磷灰石粒状，粒径在 0.5～1.6 mm 之间，无色透明，一级灰白干涉色，零星较均匀分布。

3.2.2　岩石地球化学

本研究选取了上庄 P-REE 矿床的 12 件样品，包括 SZ2 单斜辉石岩（SZ2-1、

SZ2-2、SZ2-4、SZ2-5)、SZ3 富 P 的磷灰黑云单斜辉石岩（SZ3-1、SZ3-2、SZ3-3、SZ3-8）和SZ5富 P 的含硫化物磷灰黑云单斜辉石岩（SZ5-1、SZ5-2、SZ5-3、SZ5-5）。对 12 个样品的全岩主微量元素组成进行了分析。选取 SZ2 单斜辉石岩（SZ2-1）、SZ3 富 P 的磷灰黑云单斜辉石岩（SZ3-1）和 SZ5 富 P、Fe 的含硫化物磷灰黑云单斜辉石岩（SZ5-1）三个样品挑选了单斜辉石和榍石，并测定了单斜辉石的主微量元素和榍石的 Nd 同位素组成。

全岩主量和微量数据见表 3.1，三组单斜辉石岩的主量和微量元素组成变化较大。在 TAS 图中，SZ2 和 SZ3 单斜辉石岩样品可划分为亚碱性系列，SZ5 单斜辉石岩样品可划分为碱性系列（图 3.4a）。在 SiO_2-K_2O 图中，所有的样品具有高钾钙碱性和钾玄质系列的特征（图 3.4b）。

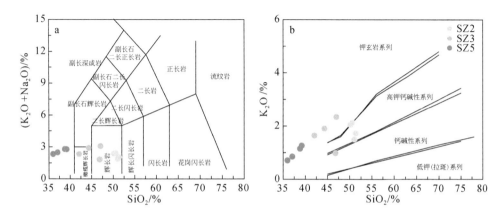

图 3.4　上庄富 REE、Sc 超镁铁质侵入体的全岩 SiO_2-K_2O+Na_2O 和 SiO_2-K_2O 图解

SZ2 单斜辉石岩样品的主量元素变化较小（表 3.1），较高的 SiO_2（50.15%~51.37%）、MgO（16.79%~17.79%）、CaO（18.96%~20.31%）和 $Mg^{\#}$ 值（$Mg^{\#}$=100×Mg/（Mg+Fe））（83.4~86.0），较低的 TFe_2O_3（5.11%~6.08%）、Al_2O_3（2.96%~3.96%）、K_2O（1.50%~2.13%）、Na_2O（0.27%~0.36%）、P_2O_5（0.01%~0.05%）、MnO（0.09%~0.11%）、TiO_2（0.39%~0.47%）。分析的烧失量（LOI）范围为 0.48%~0.62%。SZ2 单斜辉石岩样品的微量元素也变化较小（表 3.1），中等的 $\sum$REE（40×10^{-6}~54×10^{-6}），轻稀土富集和重稀土平坦的分布模式（$(La/Yb)_N$=14.5~15.6），而 Eu 不表现出明显的异常（Eu/Eu*=0.82~0.89，平均 0.86，N=4）（Eu/Eu*=2Eu$_N$/（Sm$_N$+Gd$_N$））（图 3.5，表 3.1）；此外，高场强元素（如 Nb、Ta、Zr 和 Hf）表现出亏损，大离子亲石元素（如 Rb、Ba）表现出富集（图 3.5）。

SZ3 富 P 的黑云母单斜辉石岩样品的主量元素变化较小（表 3.1），有较高的 CaO（17.50%~23.12%）和 P_2O_5（0.38%~5.25%），中等的 SiO_2（42.07%~47.02%）、

TFe_2O_3（9.99%～12.31%）、MgO（10.72%～12.99%）、TiO_2（0.58%～0.94%）和 $Mg^{\#}$值（$Mg^{\#}=100\times Mg/(Mg+Fe)$；60.82～67.72），较低的 Al_2O_3（3.04%～5.14%）、K_2O（0.98%～2.34%）、Na_2O（0.68%～1.01%）、MnO（0.18%～0.24%）。分析的烧失量（LOI）范围为 0.69%～0.93%。SZ3 富 P 的黑云母单斜辉石岩样品的微量元素表现出变化（表 3.1），较高的 $\sum REE$（150×10^{-6}～1158×10^{-6}），轻稀土富集和重稀土平坦的分布模式（$(La/Yb)_N$=23.6～59.8），而 Eu 表现出弱的负异常（Eu/Eu^*=0.77～0.82，平均 0.79，N=4）（$Eu/Eu^*=2Eu_N/(Sm_N+Gd_N)$）（图 3.5a、表 3.1）；此外，高场强元素（如 Nb、Ta、Zr 和 Hf）表现出亏损，大离子亲石元素（如 Rb、Ba）表现出富集（图 3.5b）。

表 3.1 青海上庄超镁铁质岩石的主量和微量元素组成

成分	SZ2 单斜辉石岩				SZ3 磷灰黑云单斜辉石岩				SZ5 含硫化物磷灰黑云单斜辉石岩			
	SZ2-1	SZ2-2	SZ2-4	SZ2-5	SZ3-1	SZ3-2	SZ3-3	SZ3-8	SZ5-1-2	SZ5-1-3	SZ5-1-4	SZ5-1-5
SiO_2	50.61	51.02	50.15	51.37	47.02	42.07	44.32	46.81	39.22	37.08	35.98	38.81
TiO_2	0.40	0.40	0.47	0.39	0.94	0.73	0.90	0.58	1.32	2.62	1.93	1.65
Al_2O_3	3.58	3.23	3.96	2.96	4.96	3.85	5.14	3.04	5.28	5.81	5.18	5.92
TFe_2O_3	5.18	5.95	6.08	5.11	12.08	9.99	12.31	10.29	11.17	16.33	16.08	14.00
MnO	0.09	0.11	0.10	0.09	0.21	0.18	0.24	0.21	0.40	0.44	0.43	0.45
MgO	17.79	16.79	17.16	17.62	12.99	11.58	10.72	12.11	5.62	5.47	5.50	5.74
CaO	19.08	20.31	18.96	20.05	17.51	23.12	19.72	22.41	24.44	20.41	22.83	21.87
Na_2O	0.27	0.36	0.34	0.30	0.74	0.68	1.01	0.85	1.51	1.62	1.61	1.64
K_2O	2.13	1.50	2.05	1.73	2.34	1.65	1.91	0.98	1.26	0.85	0.70	1.14
P_2O_5	0.02	0.04	0.05	0.01	0.38	5.25	2.47	2.16	1.52	0.96	1.13	1.18
LOI	0.62	0.48	0.55	0.50	0.86	0.69	0.93	0.79	6.73	3.43	3.75	5.20
总计	99.75	100.19	99.87	100.12	100.02	99.79	99.66	100.23	98.44	95.01	95.11	97.59
Li	1.29	1.23	1.94	2.09	4.95	3.84	4.75	3.04	4.88	5.98	5.94	5.84
Be	0.38	0.36	0.41	0.40	2.77	2.24	3.35	2.85	7.78	8.91	8.54	8.86
Sc	60.17	62.26	69.43	65.67	118.35	111.16	108.55	133.77	37.88	34.33	34.91	35.93
V	93.6	76.8	112.7	114.8	246.7	214.0	308.8	220.2	341.0	485.9	413.0	416.6
Cr	2157	1414	148.7	138.8	71.2	57.1	22.4	61.9	32.3	43.1	37.1	34.7
Co	47.80	45.69	70.98	51.28	49.34	40.89	41.39	42.77	41.34	88.03	77.32	46.73
Ni	125.51	104.92	74.30	81.43	26.19	22.43	18.88	20.83	17.04	52.41	50.40	24.03
Cu	4.15	4.16	23.91	21.17	7.14	7.59	28.71	6.25	250.46	1121.27	1142.49	401.11
Zn	22.61	21.16	25.95	27.72	73.58	58.66	77.39	56.56	110.21	164.31	148.91	156.71
Ga	4.77	3.88	4.28	4.81	7.89	11.81	10.35	7.85	13.77	14.99	14.01	14.49

成分	SZ2 单斜辉石岩				SZ3 磷灰黑云单斜辉石岩				SZ5 含硫化物磷灰黑云单斜辉石岩			
	SZ2-1	SZ2-2	SZ2-4	SZ2-5	SZ3-1	SZ3-2	SZ3-3	SZ3-8	SZ5-1-2	SZ5-1-3	SZ5-1-4	SZ5-1-5
Rb	95.65	75.71	59.14	78.27	70.55	49.03	50.72	27.47	16.64	8.76	7.84	12.56
Sr	362	363	328	299	586	1499	912	1028	4153	2875	3277	3275
Y	5.13	4.41	6.10	5.53	12.22	67.82	35.39	36.65	94.13	118.95	101.02	86.45
Zr	10.27	9.97	22.48	15.44	151.7	135.8	159.9	152.5	859.2	631.1	583.1	703.1
Nb	0.46	0.35	0.56	0.58	2.28	1.81	3.92	1.24	41.78	83.87	57.99	46.80
Sn	0.29	0.25	0.31	0.35	1.83	1.53	2.24	1.76	6.36	12.18	9.08	7.92
Cs	1.92	1.49	1.17	1.49	2.26	1.56	1.69	0.95	0.18	0.13	0.14	0.15
Ba	722	690	655	825	1567	1654	2160	981	1629	584	513	1106
La	6.10	5.26	7.48	6.79	24.70	222.61	76.76	109.37	214.85	224.59	235.11	227.61
Ce	14.8	14.1	18.9	17.3	59.5	484.8	169.6	238.0	480.4	585.3	558.5	533.9
Pr	2.30	2.19	2.92	2.58	8.16	63.65	23.06	31.77	66.99	86.87	79.93	71.55
Nd	10.19	9.92	13.29	12.07	33.67	249.91	91.09	125.71	281.47	361.92	323.23	289.03
Sm	2.62	2.71	3.73	3.37	8.29	51.63	20.51	26.50	53.81	77.99	63.61	57.76
Eu	0.74	0.74	0.98	0.83	2.03	11.83	5.08	6.18	12.63	17.68	15.39	13.52
Gd	2.36	2.34	3.04	2.67	6.49	39.83	16.86	20.82	42.98	62.32	54.59	47.03
Tb	0.28	0.30	0.35	0.33	0.81	4.54	2.05	2.39	4.97	7.08	6.04	5.20
Dy	1.27	1.20	1.70	1.41	3.39	18.30	8.59	9.86	21.45	31.66	26.50	22.72
Ho	0.21	0.19	0.26	0.23	0.52	2.67	1.37	1.37	3.53	4.85	3.96	3.41
Er	0.47	0.41	0.50	0.47	0.99	4.89	2.79	2.66	7.19	11.30	9.33	8.07
Tm	0.05	0.04	0.06	0.06	0.11	0.48	0.31	0.27	0.86	1.21	1.01	0.87
Yb	0.30	0.24	0.37	0.32	0.75	2.67	1.89	1.63	4.96	7.05	5.95	5.19
Lu	0.04	0.04	0.06	0.05	0.12	0.36	0.26	0.23	0.72	0.93	0.81	0.72
Hf	0.36	0.43	0.78	0.61	6.18	5.18	6.09	6.47	17.46	17.96	15.94	16.74
Ta	0.05	0.04	0.07	0.06	0.11	0.12	0.23	0.09	3.63	6.52	4.57	3.77
Tl	0.20	0.19	0.18	0.25	0.38	0.28	0.32	0.17	0.14	0.12	0.11	0.13
Pb	1.33	1.43	1.85	1.87	3.34	6.58	6.40	4.49	19.20	18.55	27.36	16.41
Th	0.32	0.30	0.77	0.65	3.45	42.25	13.46	18.64	32.69	42.14	39.56	48.39
U	0.09	0.11	0.14	0.15	0.54	4.66	2.55	2.34	6.98	9.68	6.96	6.58
ΣREE	41.7	39.7	53.6	48.5	149.5	1158.2	420.3	576.8	1196.8	1480.7	1384.0	1286.6

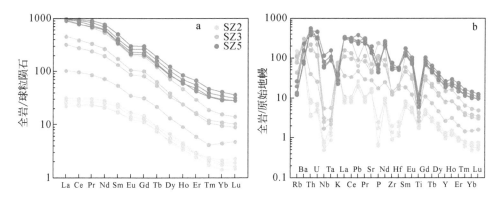

图 3.5　上庄富 REE、Sc 超镁铁质侵入体的球粒陨石标准化稀土元素配分图和原始地幔标准化微量元素分布蛛网图（稀土标准化数据和微量元素标准化数据来自 Sun and McDonough，1989）

SZ5 富 P-Fe 的含硫化物磷灰黑云单斜辉石岩样品的主量元素变化较小（表 3.1），有较低的 SiO_2（35.98%～39.22%）、MgO（5.47%～5.74%）和 $Mg^\#$ 值（$Mg^\#=100\times Mg/(Mg+Fe)$；37.37～47.28），较高的 TFe_2O_3（11.17%～16.33%）、CaO（20.41%～24.44%）和 TiO_2（1.32%～2.62%），中等的 P_2O_5（0.96%～1.52%）、Al_2O_3（5.18%～5.92%）、K_2O（0.70%～1.26%）、Na_2O（1.51%～1.64%）、MnO（0.40%～0.45%）。分析的烧失量（LOI）范围为 3.43%～6.73%。SZ5 富 P-Fe 的黑云母单斜辉石岩样品的微量元素变化较小（表 3.1），较高的 $\sum REE$（1197×10^{-6}～1481×10^{-6}），轻稀土富集和重稀土平坦的分布模式（$(La/Yb)_N$=22.84～31.47），而 Eu 表现出弱的负异常（Eu/Eu^*=0.75～0.78，平均 0.77，N=4）（$Eu/Eu^*=2Eu_N/(Sm_N+Gd_N)$）（图 3.5a、表 3.1）；此外，高场强元素（如 Nb、Ta、Zr 和 Hf）表现出亏损，大离子亲石元素（如 Rb、Ba）表现出富集（图 3.5b）。

在哈克图解上，三组岩石（SZ2、SZ3 和 SZ5）的主微量元素与 $Mg^\#$ 具有很好的相关性。SZ2 单斜辉石岩具有相对高的 $Mg^\#$、SiO_2、Cr、Ni 值，但具有低的 Na_2O、TiO_2、Al_2O_3、TFe_2O_3 和 MnO 值（图 3.6）。从 SZ2、SZ3 到 SZ5，K_2O、SiO_2 的含量线性降低，Na_2O、MnO、TFe_2O_3、Al_2O_3 和 TiO_2 的含量线性增加（图 3.6）。

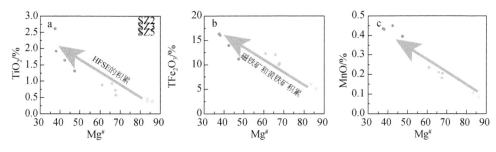

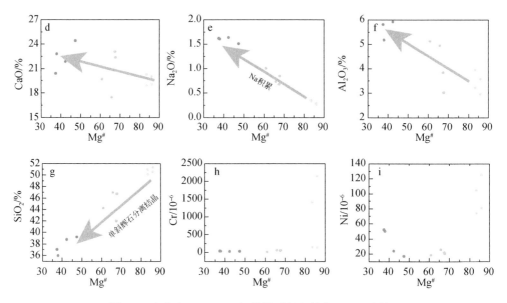

图 3.6　上庄富 REE、Sc 超镁铁质侵入体的 Harker 图解

3.3　矿物组成及特征

3.3.1　岩石矿物

本研究通过对上庄镁铁质-超镁铁质岩进行薄片岩矿鉴定，结合 AMICS 矿物全分析系统测试，基本查明了不同岩矿石的矿物组成。岩石样品内共检测出明确的单矿物 25 种，另有微量未知矿物（0.99%）。组成矿物中暗色矿物主要为单斜辉石、黑云母等，含量分别为 60.59% 及 13.30%，合计达 73.89%；另外，副矿物含量较高，主要为磷灰石、榍石及绿帘石；含较多金属矿物，主要为磁铁矿（9.78%），微量黄铜矿（0.14%）、褐铁矿（0.14%）及黄铁矿（0.05%）；未发现稀土及钪的独立矿物。重要矿物化学成分特征如下。

1. 单斜辉石化学成分及背散射图

上庄磷稀土矿区单斜辉石岩、黑云单斜辉石岩、磷灰黑云单斜辉石中，主要造岩矿物单斜辉石的化学通式为 $XY[T_2O_6]$，X 位置元素一般为 Ca 等元素；Y 位置元素主要为 Mg、Fe、Al^{VI}；T 位置为 Si、Al^{IV} 等元素。本研究根据样品单矿物化学成分特征判断，所观测辉石为透辉石，化学式为 $Ca(Mg,Fe,Al)[(Si,Al)_2O_6]$，多呈自形-半自形柱状，硬度 5.5～6，相对密度 3.22～3.88。其背散射图像及能谱数据见图 3.7、图 3.8 及表 3.2，显示 Si 元素含量为 23.04%，O 元素含量为 38.54%，Ca 元素含量为 19.63%，Mg 及 Fe 元素含量分别为 8.77% 及 7.19%。

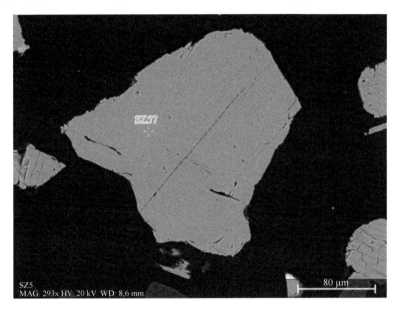

图 3.7　单斜辉石背散射图

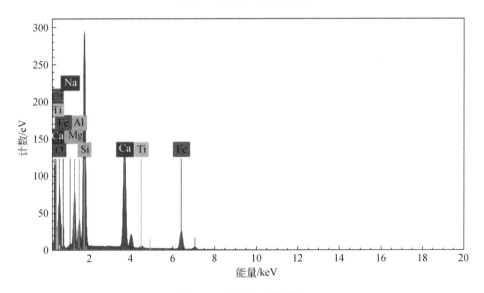

图 3.8　单斜辉石能谱图

表 3.2　单斜辉石化学成分能谱（EDS）分析结果　　　（单位：%）

元素	1	2	3	4	5	平均
O	37.85	38.39	38.92	38.40	39.16	38.54
Si	23.71	21.85	23.45	22.84	23.37	23.04
Ca	20.16	19.40	19.63	19.60	19.35	19.63
Mg	9.02	7.86	9.34	8.55	9.08	8.77
Fe	6.88	8.01	6.59	8.12	6.36	7.19
Al	1.84	3.36	1.68	2.11	1.76	2.15
Ti	—	0.58	0.39	0.39	0.40	0.35
Na	0.54	0.55	—	—	0.52	0.32

注："—"代表该元素含量低于检出限，下同。

2. 黑云母化学成分及背散射图

黑云母化学式为 $K(Mg,Fe)_3AlSi_3O_{10}(OH)_2$，为含水的层状硅酸盐，硬度 2～3，密度 2.5～3g/cm³ 左右，无磁性。上庄磷稀土矿区辉石岩中黑云母背散射图像及能谱图见图 3.9、图 3.10，能谱数据（表 3.3）显示 Fe 元素含量较高，为 18.40%，Si 元素归一化后平均含量为 15.86%，K 元素含量为 8.80%，Mg 元素含量为 7.68%，同时含有少量 Ti，平均含量 2.28%。由于黑云母内含较多 H_2O，而能谱无法检测 H 元素，因此，其余各元素含量较真实值偏高。

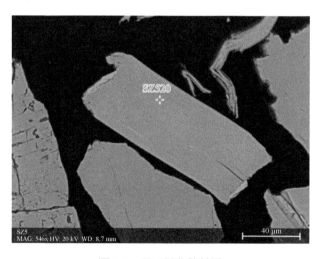

图 3.9　黑云母背散射图

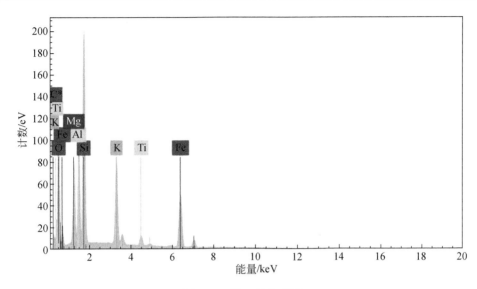

图 3.10　黑云母能谱图

表 3.3　黑云母化学成分能谱（EDS）分析结果　　　　　（单位：%）

元素	1	2	3	4	5	平均
O	37.94	37.93	37.66	37.63	37.87	37.81
Fe	17.77	18.04	18.91	18.06	19.23	18.40
Si	15.94	15.71	15.80	16.11	15.72	15.86
Al	9.07	9.43	9.16	9.15	9.06	9.17
K	8.88	8.79	8.78	8.95	8.59	8.80
Mg	8.09	7.53	7.15	8.30	7.35	7.68
Ti	2.32	2.57	2.54	1.80	2.18	2.28

3. 磷灰石化学成分及背散射图

磷灰石化学式为 $Ca_5(PO_4)_3(F,OH)$，硬度 5，密度 3.13～3.23 g/cm³ 左右。其背散射图像及能谱图见图 3.11、图 3.12，能谱数据（表 3.4）显示矿物中主要组成元素为 Ca，归一化后平均含量为 44.00%，P 元素含量为 17.32%，F 元素含量为 2.30%，普遍含有少量杂质 Si。由于磷灰石内含较多 H_2O，而能谱无法检测 H 元素，因此，其余各元素含量较真实值偏高。

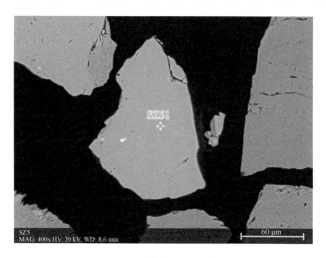

图 3.11　磷灰石背散射图

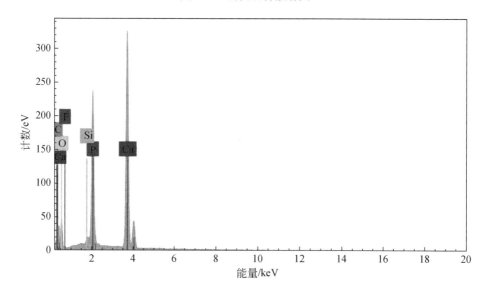

图 3.12　磷灰石能谱图

表 3.4　磷灰石化学成分能谱（EDS）分析结果　　　　（单位：%）

元素	1	2	3	4	5	平均
Ca	43.94	44.00	43.64	43.80	44.62	44.00
O	35.56	35.73	35.60	36.08	36.12	35.82
P	17.31	17.08	17.66	17.12	17.45	17.32
F	2.55	2.49	2.60	2.33	1.52	2.30
Si	0.64	0.71	0.50	0.68	0.29	0.56

4. 方解石化学成分及背散射图

方解石化学式为 $CaCO_3$，硬度 3，相对密度 2.71，解理发育。其背散射图像及能谱图见图 3.13、图 3.14，能谱数据（表 3.5）显示 Ca 元素平均含量为 43.77%。由于矿物化学成分中含有 C 元素，且样品测试前会进行喷碳处理，因此该矿物化学成分仅作参考。

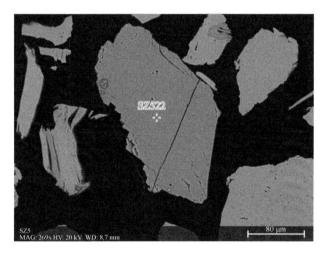

图 3.13　方解石背散射图

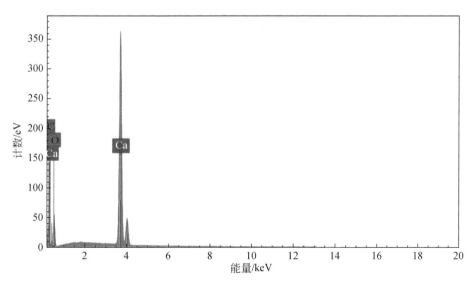

图 3.14　方解石能谱图

表 3.5　方解石化学成分能谱（EDS）分析结果　　　　（单位：%）

元素	1	2	3	4	5	平均
Ca	43.94	48.65	54.00	48.33	45.67	48.12
O	42.44	38.81	35.05	38.75	40.74	39.16
C	13.62	12.54	10.95	12.92	13.60	12.73

5. 榍石化学成分及背散射图

榍石化学式为 $CaTi[SiO_4]O$，硬度 5～6，密度 3.3～3.6 g/cm^3 左右。其背散射图像及能谱图见图 3.15、图 3.16，能谱数据（表 3.6）显示矿物中主要组成元素 Ti 元素平均含量为 24.73%，Ca 元素平均含量为 22.81%，Si 元素含量为 12.55%，另外普遍含有少量 Fe、Al 等元素，含量分别为 1.23% 及 0.93%。

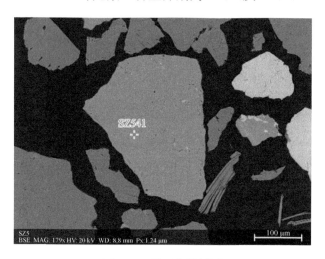

图 3.15　榍石背散射图

表 3.6　榍石化学成分能谱（EDS）分析结果　　　　（单位：%）

元素	1	2	3	4	5	平均
O	38.06	37.61	38.10	37.13	37.87	37.75
Ti	23.89	24.58	25.36	25.75	24.05	24.73
Ca	23.05	23.02	22.40	22.84	22.75	22.81
Si	12.28	12.62	12.27	12.97	12.62	12.55
Fe	1.48	1.30	1.29	0.66	1.43	1.23
Al	1.24	0.88	0.59	0.65	1.29	0.93

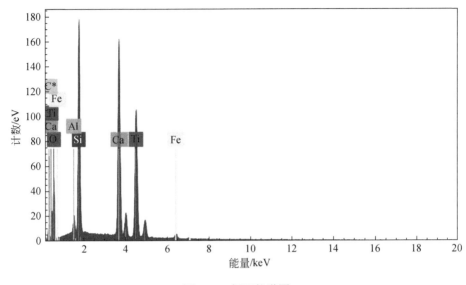

图 3.16　榍石能谱图

6. 绿帘石化学成分及背散射图

绿帘石化学式为 $Ca_2FeAl_2[SiO_4][Si_2O_7]O(OH)$，硬度 6~7，密度 3.40 g/cm³ 左右。其背散射图像及能谱图见图 3.17、图 3.18，能谱数据（表 3.7）显示矿物中主要组成元素 Ca 元素平均含量为 19.25%，Si 元素含量为 16.55%，Fe 元素平均含量为 13.56%，Al 元素平均含量为 11.65%。由于绿帘石内含少量 H_2O，而能谱无法检测 H 元素，因此，其余各元素含量较真实值偏高。

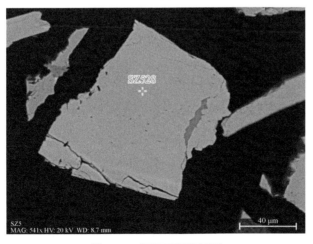

图 3.17　绿帘石背散射图

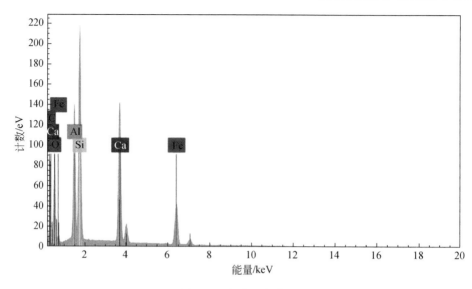

图 3.18　绿帘石能谱图

表 3.7　绿帘石化学成分能谱（EDS）分析结果　　　　（单位：%）

元素	1	2	3	4	5	平均
O	38.61	38.83	39.35	39.42	38.26	38.89
Ca	19.73	19.54	18.62	19.27	19.06	19.24
Si	16.44	16.75	16.18	16.40	16.99	16.55
Fe	13.87	12.81	13.88	13.18	14.08	13.56
Al	11.35	12.08	11.47	11.74	11.60	11.65

7. 磁铁矿化学成分及背散射图

磁铁矿化学式为 Fe_3O_4，硬度 5.5～6.5，密度 $5.2g/cm^3$ 左右，强磁性。其背散射图像及能谱图见图 3.19、图 3.20，能谱数据（表 3.8）显示矿物中 Fe 元素含量较高，归一化平均含量达 76.11%，O 元素含量为 23.51%，普遍含有微量 V 元素，平均含量为 0.19%。

表 3.8　磁铁矿化学成分能谱（EDS）分析结果　　　　（单位：%）

元素	1	2	3	4	5	平均
Fe	76.47	76.09	76.62	75.87	75.47	76.11
O	23.24	23.91	23.16	23.89	23.37	23.51
V	0.29	0.00	0.22	0.24	0.23	0.19

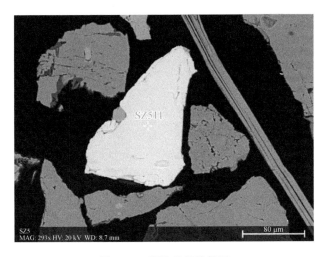

图 3.19　磁铁矿背散射图

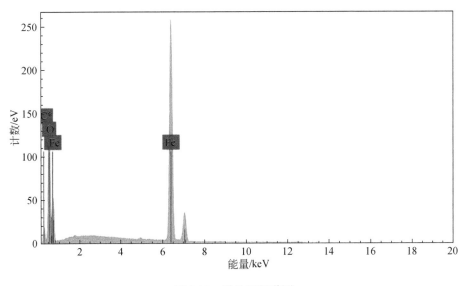

图 3.20　磁铁矿能谱图

8.黄铜矿化学成分及背散射图

黄铜矿化学式为 $CuFeS_2$，硬度 3~4，密度 4.1~4.3 g/cm^3。其背散射图像及能谱图见图 3.21、图 3.22，能谱数据（表 3.9）显示 Cu 元素归一化后平均含量为 33.83%，Fe 元素归一化后平均含量为 32.24%，S 元素含量为 33.93%。

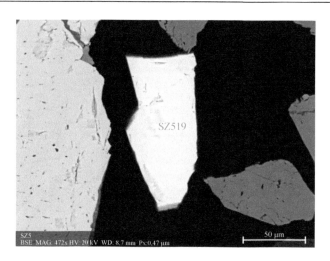

图 3.21　黄铜矿背散射图

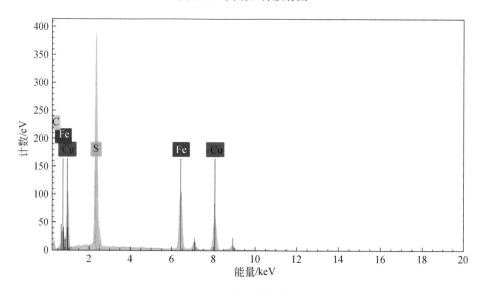

图 3.22　黄铜矿能谱图

表 3.9　黄铜矿化学成分能谱（EDS）分析结果　　　　　（单位：%）

元素	1	2	3	4	5	平均
S	34.02	33.97	33.88	33.45	34.35	33.93
Cu	33.34	33.18	34.57	34.33	33.71	33.83
Fe	32.63	32.84	31.55	32.22	31.94	32.24

3.3.2 部分元素在矿物中的分配

根据矿物的化学成分特征及矿物含量计算得到样品中各元素的配分情况（表3.10），数据显示：①Si、Ca 及 Mg 元素主要赋存于透辉石内；②K 元素主要赋存于黑云母内；③Al 元素主要赋存于透辉石及黑云母内；④Fe 元素主要赋存于磁铁矿及暗色矿物（透辉石及黑云母等）内；⑤P 元素均赋存于磷灰石内；⑥微量 S 元素主要赋存于黄铜矿及黄铁矿内，少量赋存于重晶石内。

表 3.10　部分元素分配特征表　　　　　　（单位：%）

矿物名称	Si	Ca	Fe	Mg	Al	K	P	S
透辉石	82.17	72.42	29.10	82.20	45.61	—	—	—
黑云母	12.38	—	16.50	15.81	44.05	96.52	—	—
榍石	1.62	2.42	0.02	—	0.05	—	—	—
绿帘石	1.26	1.52	1.18	—	5.45	—	—	—
钙镁闪石	0.74	0.32	0.39	0.69	1.04	—	—	—
绿泥石	0.65	—	1.24	1.24	2.57	—	—	—
钾长石	0.50	—	—	—	1.01	3.32	—	—
磷灰石	0.21	17.19	—	—	—	—	100	—
方解石	—	6.00	—	—	—	—	—	—
磁铁矿	—	—	50.23	—	—	—	—	—
黄铜矿	—	—	0.30	—	—	—	—	53.84
黄铁矿	—	—	0.17	—	—	—	—	31.56
磁黄铁矿	—	—	0.02	—	—	—	—	2.13
重晶石	—	—	—	—	—	—	—	11.40

3.3.3　矿石矿物

1. 矿石矿物组成

1）矿石化学组分

对 SZ5-1、SZ5-2、SZ5-3、SZ5-4S 和 Z5-5 共 5 件矿石样品进行化学元素组分分析（表 3.11），结果表明，原矿主要化学成分为 SiO_2、Fe_2O_3、FeO、CaO、MgO、Al_2O_3、P_2O_5、TiO_2，还含有少量的 MnO、Na_2O、K_2O 等。矿石含轻稀土

氧化物（LR_2O_3）量为 0.07%～0.15%，含重稀土氧化物（HR_2O_3）量为 0.01%～0.02%，含稀土氧化物（TRE_2O_3）量为 0.08%～0.17%，远高于超基性岩中稀土氧化物 0.00045%的含量值（万会等，2021），可根据矿石中的稀土含量单独圈定矿体并估算资源储量。

表 3.11　矿石化学成分测试结果　　　　　　　　（单位：%）

元素	样品号（下同）				
	SZ5-1	SZ5-2	SZ5-3	SZ5-4	SZ5-5
SiO_2	34.53	35.16	38.74	37.70	35.73
Al_2O_3	3.49	5.91	3.93	4.00	5.88
Na_2O	0.90	0.84	1.04	0.97	0.83
K_2O	0.49	2.59	0.63	0.69	2.57
Fe_2O_3	11.03	10.64	10.04	11.51	10.30
FeO	8.58	11.10	8.05	9.15	10.90
CaO	18.60	16.74	21.29	20.09	16.95
MgO	8.30	9.10	9.31	9.24	9.10
MnO	0.22	0.28	0.23	0.25	0.28
P_2O_5	2.28	3.40	2.83	2.76	3.24
TiO_2	1.19	1.62	1.25	1.42	1.56
LR_2O_3	0.08	0.14	0.08	0.07	0.15
HR_2O_3	0.01	0.02	0.01	0.01	0.02
TREO	0.09	0.16	0.09	0.08	0.17

注：TREO 为稀土氧化物总量（total rare earth oxides）。

2）矿石的矿物组成

经偏光显微镜观察和扫描电镜能谱分析，成矿岩石主要为磷灰黑云透辉石岩和含硫化物磷灰黑云透辉石岩等，以中粗粒结构为主。矿物组成主要为透辉石、黑云母、磷灰石及磁铁矿等。为进一步查明矿物组成及其特征，对矿石原矿样品进行矿物参数自动定量分析（AMICS），分析结果见表 3.12。由表可知，原矿样中组成矿物以硅酸盐矿物和磷酸盐矿物为主，主要有透辉石（60.59%）、黑云母（13.30%）和磷灰石（6.40%），占矿物总含量的 80.29%，其次含较多的粒柱状矿物，成分为方解石、榍石和绿帘石，总含量为 5.28%，另含较多的粒状金属矿物，主要为磁铁矿，含量为 9.78%；副矿物种类繁多，但总含量占比低。未见稀土独立矿物和钪矿物。

表 3.12　矿石矿物组成及含量

矿物名称	质量分数/%	面积百分比/%	矿物相数	颗粒数
透辉石	60.59	60.02	39660	100948
黑云母	13.30	14.73	31988	75471
磁铁矿	9.78	6.39	5182	19454
磷灰石	6.40	6.61	11165	34528
方解石	2.04	2.44	9105	17839
榍石	1.94	1.80	7746	15241
绿帘石	1.30	1.27	2417	3514
绿泥石	0.84	0.97	4488	7783
钙镁闪石	0.56	0.59	5025	9505
钾长石	0.28	0.37	748	1216
黄铜矿	0.14	0.11	321	382
褐铁矿	0.14	0.11	2670	3279
石英	0.12	0.15	716	1491
钛铁矿	0.07	0.05	217	331
重晶石	0.07	0.05	260	326
钙铁榴石	0.07	0.06	1667	2318
黄铁矿	0.05	0.03	83	88
白云石	0.03	0.03	89	127
白云母	0.02	0.02	68	107
钠长石	0.02	0.02	42	66
磁黄铁矿	0.00	0.00	85	125
方铅矿	0.00	0.00	8	11
锆石	0.00	0.00	16	16
闪锌矿	0.00	0.00	8	9
霓石	0.00	0.00	5	5
未知矿物	0.99	1.57	24793	35125
低计数率	1.25	2.59	72996	450405
总计	100	100	83938	779710

2. 矿石的结构构造

经偏光显微镜下观察、鉴定，矿石的结构呈现为粒状结构，自形程度中等，多数为半自形晶（图 3.23），相互间为连生关系。粒状结构，磷灰石呈细中粒状产出，粒径约 0.5～5 mm；榍石、方解石、磁铁矿呈细小粒柱状，粒径＜1.5 mm。透辉石、蛭石化黑云母等镁铁质矿物以粗粒状、片状自形晶产出，粒径普遍＞5 mm。

矿石构造主要为团块状构造，其次为斑杂状、星点状、浸染状、条带状及碎裂状等构造。磷灰石以团块状、斑杂状不均匀分布于矿石中，榍石以星点状散布于矿石中。

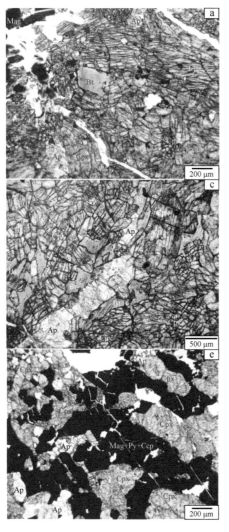
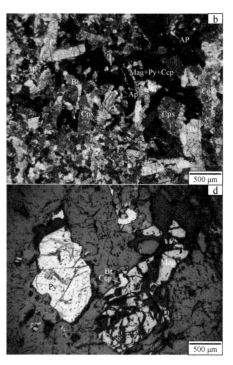

图 3.23　矿石中富稀土矿物的分布结构特征

Ap. 磷灰石；Bt. 黑云母；Cpx. 单斜辉石； Mag. 磁铁矿； Py. 黄铁矿；Ccp. 黄铜矿

3.4 成矿元素赋存矿物和元素赋存状态

3.4.1 REE 赋存矿物

1. 富稀土矿物特征

本研究通过系统测试，依据矿物鉴定特征和稀土元素含量占比组成确定富稀土矿物主要有磷灰石和榍石。

1) 磷灰石 $Ca_5(PO_4)_3(F,Cl,OH)$

磷灰石是一种六方晶系钙磷酸盐矿物（Hughes and Rakovan，2015），作为副矿物广泛存在于火成岩（Webster and Piccoli，2015；O'Sullivan et al，2020）、沉积岩和变质岩中（赵振华和严爽，2019），通常其晶体结构式中的组分元素，可通过电价平衡或离子交换等方式容纳多种微量元素和其他元素，且因其形成的物理化学条件不同会表现出差异明显的微量元素组成特征，因而，通常利用磷灰石的主微量元素含量、卤素含量、Sr-Nd 同位素组成以及氧、氯同位素组成等特征来溯源岩石来源和演化。研究表明，磷灰石中的微量元素可以用来指示与成矿相关岩体的氧化-还原状态（Chen and Zhang，2018；Xing et al.，2020）；磷灰石中的卤素组分可用以估算流体和熔体中 F、Cl 和 H_2O 的含量，由于磷灰石具有较强的抗蚀变能力，在高温（>500℃）进入磷灰石的卤素不易受后期热液交代的影响（Hovis and Harlov，2010），因此，Cl/F 比值的变化可以判断挥发分在熔体中的饱和度，从而能够借此分析岩石成因、矿床成因及成矿过程；磷灰石的 Sr-Nd 同位素比值则记录了成矿系统同位素特征，可用来追踪成矿岩浆或热液系统的起源及演化过程（Xing et al.，2020）。

磷灰石化学式中的 Ca^{2+} 可以被元素周期表中的大离子元素（如 Na^+、K^+、Sr^{2+}、Ba^{2+}、Pb^{2+}、Fe^{2+}、Mn^{2+}、Mg^{2+}、Eu^{2+}、REE^{3+}、Y^{3+}、Th^{4+}、U^{4+}、U^{6+}）替代，P 能够被高价态而离子半径小的元素（如 Si^{4+}、S^{6+}、Si^{4+}、Cr^{3+}、N^{5+}、V^{5+}等）置换，F^-、Cl^-、OH^- 可由 Br^- 和 I^- 等卤素元素置换（Piccoli and Candela，2002）。一般按照阴离子位置上 F^-、Cl^-、OH^- 的不同，磷灰石分为氟磷灰石 $Ca_5(PO_4)_3F$、氯磷灰石 $Ca_5(PO_4)_3Cl$ 和羟基磷灰石 $Ca_5(PO_4)_3(OH)$，其中氟磷灰石最常见，其结晶结构较为复杂（图 3.24）。

根据所测磷灰石中 F 元素的含量 2.30%，确定其属氟磷灰石类型。磷灰石多呈细中粒状，无节理和环带，硬度 5，密度 3.13～3.23 g/cm^3 左右。其背散射图像及能谱图、能谱数据显示矿物中主要组成元素为 Ca，归一化后平均含量为 44.00%，

P 元素含量为 17.32%，普遍含有少量杂质 Si。

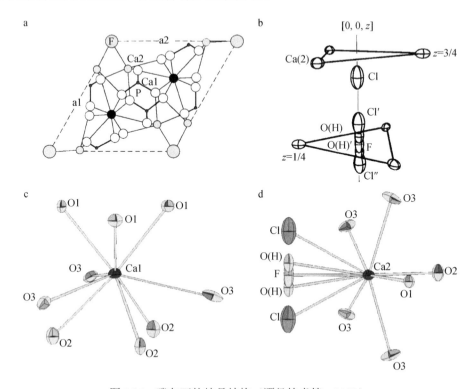

图 3.24 磷灰石的结晶结构（谭侯铭睿等，2022）

a. 氟磷灰石的结构；b. 磷灰石结构中阴离子可能的位置；c、d. 磷灰石结构中两种类型的钙离子位置

本研究中磷灰石主要分布于磷灰黑云辉石岩和含硫化物磷灰黑云辉石岩中，其在两者中的含量分别约为 8%～17%、3%～10%。两种岩石中磷灰石的主量和微量元素化学成分结果显示，磷灰透辉石岩和磷灰黑云透辉石岩磷灰石均为氟磷灰石，且化学成分相近，均具有较高的 TREE。

2）榍石 CaTi［SiO₄］(O,OH,F)

榍石是一种属单斜晶系的岛状结构硅酸盐矿物，形态多呈菱形、晶粒状、不规则状、团块状等，少数呈柱状、粒状，硬度 5～6，密度 3.3～3.6 g/cm³ 左右。其一般作为中酸性岩浆岩的副矿物产出，但最常见于花岗岩和变质岩中。Ca 是榍石的基本结构组分，因而在富钙的岩石中普遍见有榍石（Frost et al.，2001），在中酸性岩浆岩中主要存在于高 Ca/Al 比值的岩石中（Force，1991），侯明才等（2011）报道了峨眉山高钛玄武岩中富钛的隐晶状榍石，其可能是岩浆期后产物或期后蚀变的产物，但目前罕有榍石出现在镁铁质-超镁铁质岩中。

榍石化学式中的 Ca 位置可容纳 REE、U、Th、Pb、Mn 和所有大离子亲石元素，因而，榍石也是 REE 和 HFSE 的重要储库（Tiepolo et al.，2002）；Ti 位置通常含有 Al、Fe^{3+}和其他高价态离子，如 Zr、Ta 和 Nb（Tropper et al.，2002；Hode and Halenius，2005），因而，偶有稀有金属矿床中可通过筛选榍石单矿物来提取 Nb。榍石的稳定性受全岩成分、氧逸度和水活度以及温度和压力等因素影响（Force，1991；Frost et al.，2001；Castelli and Rubatto，2002；Harlov et al.，2006），其适中的 U 含量（$10 \times 10^{-6} \sim 100 \times 10^{-6}$，Frost et al.，2001）以及较高的封闭温度（$650 \sim 700 \ ℃$，Scott and St-Onge，1995），使得榍石成为一种理想的 U-Pb 定年矿物。

本研究中样品榍石背散射图像及能谱图、能谱数据显示矿物中主要组成元素 Ti 元素平均含量为 24.73%，Ca 元素平均含量为 22.81%，Si 元素平均含量为 12.55%，另外普遍含有少量 Fe、Al 等元素，平均含量分别为 1.23%及 0.93%。通过化学成分计算，推断榍石的化学式为 $CaTi[SiO_4]O$。

2. 粒度分布及连生关系

1）富稀土矿物粒度分布

矿石手标本常见磷灰石（含量约 3.0%～15.0%）、榍石（含量约 0.5%～1.0%）、磁铁矿（含量约 5.0%～15.0%）等，肉眼可见磷灰石自然生长的粒度大小约为 0.5～5 mm，榍石和磁铁矿粒径<1.5 mm，但目估粒度不能作为选矿依据，磷灰石等矿物晶体的粒度分布需结合 AMICS 统计分析得出（魏均启等，2021）。

为充分了解矿石的原始特征，AMICS 测试矿石样品时将矿石样品破碎磨矿后分级制备，测试结果由 3 个粒级综合所得，分别为>0.074 mm、0.045～0.074 mm 和<0.045 mm，分级及产率见表 3.13。全岩矿物、磷灰石、榍石、透辉石、黑云母、磁铁矿及方解石等粒度分布图及数据见图 3.25 及表 3.14。

表 3.13 矿石粒度分级及产率

粒径分级	产率/%
>0.074 mm	71.24
0.045～0.074 mm	9.58
<0.045 mm	19.18
总计	100

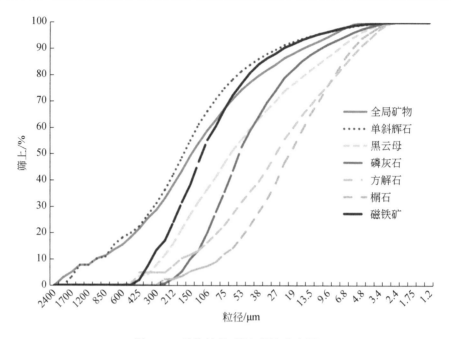

图 3.25　矿物粒径-筛上累计分布图

Cpx. 单斜辉石；Bt. 黑云母；Ap. 磷灰石；Cal. 方解石；Ttn. 榍石；Mag. 磁铁矿

表 3.14　矿物粒度主要分布区间　　　　　　　　　　（单位：%）

粒径/μm	总样品		Cpx		Bt		Ap		Cal		Ttn		Mag	
	A	B	A	B	A	B	A	B	A	B	A	B	A	B
425	3.23	78.48	2.47	77.63	2.45	96.48	—	—	4.82	95.18	—	—	2.01	97.99
355	3.91	74.56	4.41	73.23	0.56	95.92	—	—	0	95.18	—	—	5.3	92.68
300	3.25	71.32	4.48	68.75	3.5	92.42	0	100	0	95.18	0	100	6.02	86.66
250	4.47	66.84	5.11	63.64	3.91	88.51	0.6	99.4	0	95.18	2.3	97.7	3.65	83.01
212	5.23	61.61	6	57.64	4.36	84.14	1.92	97.48	2.63	92.55	0	97.7	7.1	75.9
180	5.13	56.48	6.29	51.35	5.51	78.63	2.67	94.82	2.8	89.75	1.11	96.59	7.48	68.43
150	5.69	50.8	6.48	44.87	5.33	73.3	4.75	90.07	1.27	88.48	1.82	94.77	6.67	61.76
125	5.03	45.77	6.2	38.67	5.16	68.14	3.37	86.7	1.7	86.78	1.12	93.65	8.77	52.98
106	4.73	41.05	4.97	33.69	4.68	63.47	6.63	80.07	2.92	83.86	0.91	92.74	8.29	44.7
90	3.97	37.07	4.58	29.12	4.63	58.84	7.92	72.15	3.32	80.54	1.54	91.2	5.27	39.42
75	4.28	32.8	4.15	24.97	5.25	53.59	7.61	64.53	3.29	77.24	3.09	88.1	6.38	33.04
63	3.71	29.09	3.38	21.59	4.95	48.64	8.12	56.42	4.35	72.89	2.16	85.94	5.46	27.58
53	3.44	25.65	3.08	18.51	4.01	44.64	8.87	47.55	4.45	68.45	4.08	81.86	4.28	23.3

续表

粒径/μm	总样品		Cpx		Bt		Ap		Cal		Ttn		Mag	
	A	B	A	B	A	B	A	B	A	B	A	B	A	B
45	2.8	22.84	2.48	16.03	4.1	40.54	6.35	41.2	4.05	64.4	4.51	77.35	4.14	19.16
38	2.53	20.31	2.18	13.84	3.71	36.83	5.35	35.85	3.8	60.6	5.03	72.32	3.32	15.85
32	2.31	18	1.95	11.89	3.68	33.15	5.55	30.3	4.85	55.75	5.1	67.22	2.33	13.52
27	2.08	15.92	1.58	10.31	3.17	29.98	4.45	25.85	5.69	50.06	6.09	61.13	1.78	11.74
22	2.43	13.49	1.76	8.55	3.89	26.1	4.76	21.09	5.64	44.42	7.71	53.42	2.22	9.52
19	1.65	11.84	1.18	7.37	2.53	23.56	3.09	18	4.32	40.1	5.5	47.92	1.38	8.15
16	1.76	10.08	1.15	6.23	2.66	20.91	3.23	14.76	4.62	35.48	6.59	41.33	1.51	6.64
13.5	1.55	8.53	1	5.22	2.61	18.3	2.47	12.3	3.86	31.62	6.3	35.03	1.18	5.45
11.4	1.46	7.07	0.86	4.37	2.65	15.65	2.05	10.21	4.08	27.54	5.19	29.83	1.09	4.36
9.6	1.5	5.56	0.77	3.6	2.38	13.27	1.83	8.38	3.45	24.09	5.56	24.27	0.79	3.57
8.1	1.71	3.85	0.68	2.92	2.37	10.9	1.47	6.91	3.93	20.16	5.03	19.24	0.88	2.69
6.8	1.79	2.06	0.76	2.16	2.7	8.2	1.48	5.43	4.02	16.14	5.44	13.81	0.79	1.9

注：Cpx. 单斜辉石；Bt. 黑云母；Ap. 磷灰石；Cal. 方解石；Ttn. 榍石；Mag. 磁铁矿；A. 筛上；B. 筛下。

矿物粒度的统计方法采用等效圆法计算，由图 3.25 显示的粒度分布情况看，全岩矿物粒径较大，主要分布于 53～425 μm 范围内，占分析总颗粒数的 56.07%；磷灰石粒径约 56.40%，分布于 32～106 μm 范围内；榍石颗粒粒径近 63.54%在 6.8～38 μm 范围内；方解石颗粒粒径 61.11%以上在 6.8～63 μm 范围内；辉石颗粒粒径主要分布于 75～355 μm 范围内，占辉石分析总颗粒数的 52.67%；黑云母颗粒粒径主要分布于 45～250 μm 范围内，占黑云母分析总颗粒数的 51.89%。将磷灰石和榍石两种富稀土矿物综合分析统计，其粒度主要分布于 22～106 μm 范围内，占二者分析总颗粒数的 59.34%，这表明选矿试验时，适度提高矿石的磨矿细度可能会提高富稀土矿物的单体解离度。

2）富稀土矿物解离度与连生关系

磷灰石和榍石矿物为本书研究矿床的主要稀土有用矿物，在选矿设计产品回收时主要考虑其解离度与连生关系。AMICS 分析结果显示（表 3.15、表 3.16），磷灰石单体解离度仅占分析总颗粒数的 6.76%，而当设置偏差为 5%时（即解离程度在 95%以上），单体解离度达 46.59%，被包裹占 0.96%，解离 75%～100%的占 48.32%。连生关系较为复杂，但主要为与透辉石矿物的两相及多相连生，合计为 26.75%。

此外，据局部矿石样品的背散射图像（BSE）观察，发现有少量早期磷灰石晶体被包裹于稍晚结晶透辉石中的现象（图 3.26），这与解离统计的情况一致（表3.15、表 3.16），提高磨矿细度可回收这部分被包裹磷灰石矿物。

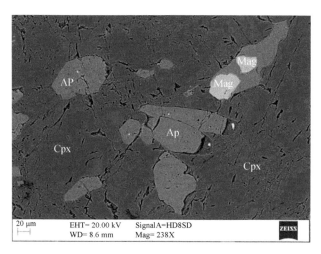

图 3.26　磷灰石被包裹于透辉石颗粒内

Ap. 磷灰石；Cpx. 单斜辉石；Mag. 磁铁矿

表 3.15　磷灰石解离情况表

磷灰石在矿物中所占面积百分比/%	0（被包裹）	0<x≤25%	25%<x≤50%	50%<x≤75%	75%<x<100%	100%（单体）
分布率	0.96	24.62	8.33	11.01	48.32	6.76
累计分布率	100	99.04	74.41	66.09	55.08	6.76

表 3.16　磷灰石与其他矿物连生关系统计（偏差 5%）

连生矿物/%	Cpx	Bt	Chl	Cal	Mag	未知矿物	低计数率	其他	总数
两相连生	10.88	2.93	0.93	0.69	0.29	5.10	4.66	1.52	27.00
多相连生	15.87	2.97	0.52	0.81	1.68	1.83	1.44	1.29	26.41

注：Cpx. 单斜辉石；Bt. 黑云母；Cal. 方解石；Mag. 磁铁矿。

榍石解离情况结果显示（表 3.17、表 3.18），单体解离度较低，仅占分析总颗粒的 5.38%，而当设置偏差为 5% 时（即解离程度 95% 以上），单体解离度为 25.84%，被包裹占 2.27%，解离 0～25% 及 75%～100% 颗粒较多，分别占 33.39% 及 31.35%。连生情况较为复杂，以与透辉石和黑云母的两相及多相连生为主，合计达 37.81%。由此可知，磷灰石单体解离度明显高于榍石单体解离度，而其连生关系则低于榍石的连生关系，因此，选矿试验应主要考虑磷灰石的单体解离度和连生关系。结合上述富稀土矿物的粒度分布特征分析，适度提高磨矿细度有利于选矿，但建议通过对比试验结果甄选磨矿细度。

表 3.17　榍石解离情况表

榍石在矿物中所占面积百分比/%	0（被包裹）	0<x≤25%	25%<x≤50%	50%<x≤75%	75%<x<100%	100%（单体）
分布率	2.27	33.39	12.80	15.01	31.15	5.38
累计分布率	100.00	97.73	64.34	51.55	36.53	5.38

表 3.18　榍石与其他矿物连生关系统计（偏差 5%）

连生矿物/%	Cpx	Bt	Mag	Ap	Cal	Chl	未知矿物	低计数率	其他	总数
两相连生	8.86	7.72	4.05	1.18	0.56	0.48	4.28	6.40	1.12	34.65
多相连生	15.50	6.73	5.06	2.72	1.37	1.03	2.98	2.86	2.26	39.50

注：Cpx. 单斜辉石；Bt. 黑云母；Ap. 磷灰石；Cal. 方解石；Chl. 绿泥石。

3.4.2　REE 赋存状态

富稀土矿物特征和稀土元素赋存状态既可以为矿床形成机制研究提供丰富的地质信息，也能够为矿床有效开发利用提供可靠的矿物学证据（李波等，2012）。本次研究基于上庄磷-稀土矿床富稀土矿物组分研究现状，利用偏光显微镜结合扫描电镜分析详细查明矿石的矿物组成特征，并结合矿物自动定量分析系统（AMICS）揭示稀土元素在矿石矿物中的赋存状态，为该矿床中富稀土矿物选矿实验及资源开发利用提供科学依据。

稀土元素中，Ce 和 Eu 因氧逸度差异而呈现出不同的价态（Ce^{3+}、Ce^{4+} 和 Eu^{2+}、Eu^{3+}），除此之外，其他元素一般均为+3 价。由于稀土元素的离子半径（0.848～0.106 nm）与 Ca^{2+} 离子半径（0.106 nm）接近，因而，在岩浆结晶过程中，熔体中+3 价的稀土元素通过置换 Ca^{2+} 进入磷灰石晶格中，但需结合其他价态的元素或阳离子空穴位以保持电价平衡。至少存在 3 种可能的置换机制（Sha and Chappell，1999）：①$REE^{3+}+Si^{4+}\longrightarrow Ca^{2+}+P^{5+}$；②$REE^{3+}+Na^+\longrightarrow 2Ca^{2+}$；③$2REE^{3+}+\square$（空穴位）$\longrightarrow 3Ca^{2+}$。在大多数磷灰石中，$REE^{3+}+Si^{4+}\longrightarrow Ca^{2+}+P^{5+}$ 是稀土元素易于进入其晶体结构置换 Ca^{2+} 的离子置换方式，形成含类质同象稀土元素的磷灰石（Rønsbo，1989；朱笑青等，2004），因而，磷灰石可以富集熔体中的 REE（Belousova et al.，2002），且通常磷灰石矿石中稀土元素含量随 P_2O_5 品位的增高而相应增加，两者间呈现为正相关性（金会心等，2007；周克林等，2019），表明稀土元素的富

集与 P_2O_5 可能有着密切成因联系。此外，REE 元素在磷灰石和熔体间的分配也受元素替换机制、富 REE 矿物（如独居石和褐帘石）结晶的影响。磷灰石是超基性岩石中最富含 REE 元素的矿物，可认为全岩中几乎所有的 REE 赋存于磷灰石中（兰彩云等，2015）。然而，本书中富 REE 元素赋存于磷灰石和榍石两种矿物中。

同样是因稀土元素离子半径与榍石中的 Ca^{2+} 离子半径接近，稀土元素进入榍石晶体结构的机制与其置换磷灰石中 Ca^{2+} 相似（李志丹等，2022），且有可能发生 $(Al，Fe)^{3+}+REE^{3+}\!\!=\!\!\!=\!\!Ti^{4+}+Ca^{2+}$ 的替换反应（Ribbe，1980），因而，榍石中也常富集 REE 元素。

本研究采用矿物自动定量分析系统（AMICS）及单矿物 LA-ICP-MS 分析，得到稀土元素在矿石中的平衡分配结果（表 3.19），稀土元素在磷灰石中分布率达 53.33%，榍石中分布率为 41.54%，少量分布于绿帘石和透辉石内，分布率总计低于 1.80%，可忽略不计。稀土元素赋存状态研究表明，其主要赋存于磷酸盐矿物和硅酸盐矿物中，少量存在于碳酸盐矿物内，磷灰石和榍石为稀土元素的重要成矿矿物，有别于其主要赋存于磷灰石中（杨合群，2020；杨生德等，2011）的认识，也不同于陕西九子沟磷矿床黑云母透辉岩中稀土富集于褐帘石和磷灰石的特征（王利民和陈佩，2020）。

表 3.19　稀土在矿石中的平衡分配率　　　　　　（单位：%）

矿物	矿物含量	矿物中稀土含量	矿石中稀土含量	稀土分配率
磷灰石	6.40	1.00	0.064	53.33
榍石	1.94	2.57	0.050	41.54
方解石	2.04	0.17	0.004	3.33
总计	10.38	0.12	0.118	98.20

3.4.3　Sc 元素赋存状态及元素赋存矿物

1. Sc 元素赋存特征

研究区三种岩石内均未发现独立钪矿物。利用矿物自动定量分析系统（AMICS）对含硫化物磷灰黑云单斜辉石岩样品全岩矿物组成中的单斜辉石颗粒数目的统计表明，单斜辉石含量大于造岩矿物体积组成的 60%（王进寿等，2024）。

本书对上庄三种岩石开展测试（表 3.20），结果表明，单斜辉石岩中的 Sc 值为 $60.2\times10^{-6}\sim69.4\times10^{-6}$，换算为 Sc_2O_3 等于 $92.3\times10^{-6}\sim106.4\times10^{-6}$，均值为 98.8×10^{-6}；磷灰石单斜辉石岩中的 Sc 值为 $108.5\times10^{-6}\sim133.8\times10^{-6}$，换算为

Sc_2O_3 等于 $166.4×10^{-6}～205.2×10^{-6}$，均值为 $180.9×10^{-6}$；含硫化物磷灰石单斜辉石岩中的 Sc 值为 $34.3×10^{-6}～37.9×10^{-6}$，换算为 Sc_2O_3 等于 $52.6×10^{-6}～58.1×10^{-6}$，均值为 $54.8×10^{-6}$。可以看出，磷灰黑云单斜辉石岩的 Sc 含量＞黑云母单斜辉石岩的 Sc 含量＞含硫化物磷灰黑云单斜辉石岩中的 Sc 含量，但 Sc_2O_3 含量均大于 $50×10^{-6}$ 的可工业利用下限值（范亚洲等，2014）。因而，Sc 主要赋存于磷灰石单斜辉石岩中，该种岩性应作为 Sc 工业利用的主要对象。

表 3.20　青海上庄超镁铁质岩及单斜辉石中 Sc 含量　（单位：10^{-6}）

测试对象	Sc	测试对象	样品编号	Sc
单斜辉石岩	60.2	黑云母单斜辉石岩（Wang M X et al.，2017）	SZ - 3	50.8
	62.3		SZ - 7	45.5
	69.4		SZ - 18	23.6
	65.7		SZ - 49	33.1
含磷灰石单斜辉石岩	118.4	磷灰石单斜辉石岩（Wang M X et al.，2017）	SZW - 4	38.9
	111.2		SZ - 55	20.0
	108.5		SZW - 10	46.0
	133.8		SZW - 19	41.9
含硫化物磷灰黑云单斜辉石岩	37.9		SZW - 26	26.8
	34.3		SZ - 1	86.2
	34.9		SZ - 48	83.5
	35.9		SZW - 21	23.6

以下测试对象为单斜辉石

样品编号	Sc	样品编号	Sc
单斜辉石岩-01	101.7	含磷灰石单斜辉石岩-14	178.9
单斜辉石岩-02	73.5	含磷灰石单斜辉石岩-13	177.5
单斜辉石岩-06	78.3	含磷灰石单斜辉石岩-16	194.6
单斜辉石岩-07	84.5	含磷灰石单斜辉石岩-17	203.0
单斜辉石岩-08	75.2	含磷灰石单斜辉石岩-18	173.3
单斜辉石岩-09	80.2	含磷灰石单斜辉石岩-21	202.9
单斜辉石岩-10	91.5	含硫化物磷灰黑云单斜辉石岩-06	102.0
单斜辉石岩-11	71.3	含硫化物磷灰黑云单斜辉石岩-07	78.3
单斜辉石岩-12	74.7	含硫化物磷灰黑云单斜辉石岩-08	81.2

续表

样品编号	Sc	样品编号	Sc
单斜辉石岩-13	76.4	含硫化物磷灰黑云单斜辉石岩-09	60.9
单斜辉石岩-15	84.2	含硫化物磷灰黑云单斜辉石岩-10	58.2
单斜辉石岩-16	81.7	含硫化物磷灰黑云单斜辉石岩-12	57.7
单斜辉石岩-17	74.4	含硫化物磷灰黑云单斜辉石岩-13	62.5
单斜辉石岩-19	78.1	含硫化物磷灰黑云单斜辉石岩-14	55.7
单斜辉石岩-20	82.8	含硫化物磷灰黑云单斜辉石岩-15	58.0
单斜辉石岩-21	76.7	含硫化物磷灰黑云单斜辉石岩-16	61.6
单斜辉石岩-23	84.2	含硫化物磷灰黑云单斜辉石岩-17	106.5
含磷灰石单斜辉石岩-03	160.0	含硫化物磷灰黑云单斜辉石岩-18	91.5
含磷灰石单斜辉石岩-04	140.2	含硫化物磷灰黑云单斜辉石岩-19	92.8
含磷灰石单斜辉石岩-08	195.6	含硫化物磷灰黑云单斜辉石岩-20	69.6
含磷灰石单斜辉石岩-09	175.0	含硫化物磷灰黑云单斜辉石岩-21	59.9
含磷灰石单斜辉石岩-10	163.3	含硫化物磷灰黑云单斜辉石岩-22	58.7
含磷灰石单斜辉石岩-15	136.7		

同时，据不同种类岩石中单斜辉石的 Sc 测试结果可知，单斜辉石中的 Sc 含量与寄主岩中的 Sc 含量具有较好的正相关性，同样表现出磷灰黑云单斜辉石岩中单斜辉石的 Sc 富集特征，其中的 Sc 高达 $136.7\times10^{-6}\sim203\times10^{-6}$，换算为 Sc_2O_3 等于 $209.6\times10^{-6}\sim311.3\times10^{-6}$，平均值为 268.5×10^{-6}，远高于 $Sc_2O_3\geqslant 50\times10^{-6}$ 的工业可利用值（范亚洲等，2014）。显然，上庄矿区中 Sc 主要富集于磷灰石单斜辉石岩中的单斜辉石中，可以通过分选该类岩石中的辉石单矿物实现浸取 Sc 元素的目的。

Sc 是典型的亲石元素，其在自然过程中的迁移及其化合物的晶体化学性质受到相似元素的影响（Shchekina and Gramenitskii，2008），通常钪的离子置换方式主要有 $Sc^{3+}+(Ti, Sn)^{4+}\longleftrightarrow(Fe, Mn)^{2+}+(Nb, Ta)^{5+}$，$Sc^{3+}+Na^{+}\longleftrightarrow(Mg, Fe)^{2+}+Ca^{2+}$，$Sc^{3+}+Ca^{2+}\longleftrightarrow Sn^{4+}+Na^{+}$，以及 $Sc^{3+}+P^{5+}\longleftrightarrow Zr^{4+}+Si^{4+}$，其中 $Sc^{3+}+(Ti, Sn)^{4+}\longleftrightarrow(Fe, Mn)^{2+}+(Nb, Ta)^{5+}$、$Sc^{3+}+Ca^{2+}\longleftrightarrow Sn^{4+}+Na^{+}$ 置换形式主要发生在花岗岩中，$Sc^{3+}+Na^{+}\longleftrightarrow(Mg, Fe)^{2+}+Ca^{2+}$ 在基性-超基性中较为常见。

为了更好地评估单斜辉石中 Sc 和全岩中 Sc 含量平衡关系，利用酸溶-电感耦合等离子质谱仪（ICP-MS）测得单斜辉石岩、磷灰黑云单斜辉石岩和含硫化物磷灰黑云单斜辉石岩全岩中的 Sc_2O_3 含量分别为 $74.9\times10^{-6}\sim90.8\times10^{-6}$（均值为 83.0×10^{-6}）、$130\times10^{-6}\sim192\times10^{-6}$（均值为 158×10^{-6}）、$76.4\times10^{-6}\sim110\times10^{-6}$（均值为 95.5×10^{-6}），采用计算公式：全岩 Sc_2O_3 含量=全岩单斜辉石含量×单斜辉石 Sc_2O_3 含量，估算全岩 Sc_2O_3 含量，计算获得全岩平均 Sc_2O_3 含量分别为 85.9×10^{-6}、113×10^{-6}、99.0×10^{-6}，三者与 ICP-MS 分析结果较为接近，且在含硫化物磷灰黑云单斜辉石岩单斜辉石中计算得到 Sc 分配率达 92%（表 3.21），说明单斜辉石为岩石中主要的载钪矿物。

表 3.21　Sc 在含硫化物磷灰黑云单斜辉石岩中的平衡分配　　　　（单位：%）

矿物	矿物含量	矿石中 Sc_2O_3 平均含量	矿石中 Sc_2O_3 平均含量	Sc_2O_3 分配率
单斜辉石	60.59	0.0151	0.0092	92.0
黑云母	13.30	0.002	0.00027	2.70
磁铁矿	9.78	0.00	0.00	0.00
磷灰石	6.40	0.00	0.00	0.00
其他矿物	≤9.93	0.00	0.00	0.00
总计		0.010	0.00947	94.7

依据能谱分析（EDS）数值计算得到上庄矿区辉石岩中的单斜辉石化学式为 $Ca(Mg, Fe)[(Si, Al)_2O_6]$，由于 Sc^{3+}（0.75 nm）和 Fe^{2+}（0.78 nm）、Mn^{2+}（0.67 nm）、Mg^{2+}（0.72 nm）、Zr^{4+}（0.72 nm）等离子具有相近的离子半径和相同的六次配位体位置及元素化学性质，因而，这些元素间可以形成离子置换替代，对 Sc 的富集具有重要的影响。本研究据成矿元素 Sc 主要赋存的岩石类型和矿物化学式，可以推测样品中 Sc 以离子置换方式主要替代单斜辉石中的 Fe^{2+} 和 Mg^{2+}，置换式为 $3Sc^{3+}\longleftrightarrow2（Mg，Fe）^{2+}$。

同时，单斜辉石 EPMA 成分面扫描显示 Sc 不均匀地分布于单斜辉石之中（图 3.27），在微米尺度空间内，Sc、Ca、Si 等元素所处空间位置较为接近，且各元素丰度强弱区平行展布，呈现出链状结构特征。从矿物中 Sc 的空间分布及丰度相对高低特征判断，本书中样品单斜辉石晶体取向可能斜交于{001}面，观测视角未能截取到最有利于 Sc 富集的{100}、{010}和{110}晶面（Wang et al.，2022），但基本能判定 Sc 沿单斜辉石晶体棱柱分布，Sc 与 Si、Ca 元素的空间关系表明，单斜辉石晶格中的 Sc 主要以类质同象形式存在。

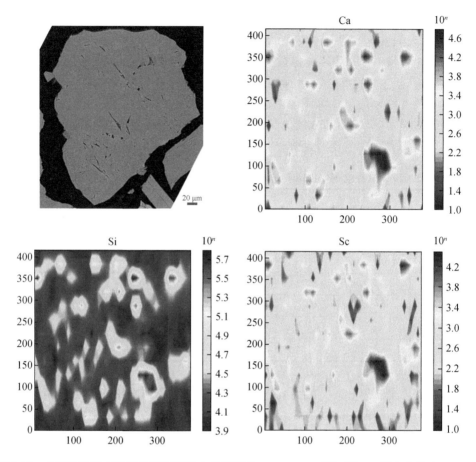

图 3.27 含硫化物磷灰黑云单斜辉石岩中单斜辉石 LA-ICP-MS 面扫图（王进寿和陈鑫，2024）

2. 富 Sc 单斜辉石地球化学特征

Sc 虽然归属于稀土元素（REE），但 Sc^{3+} 的有效离子半径 r 为 0.075 nm，远小于其他稀土元素（0.116～0.097 nm）（Shannon，1976）（图 3.28），因而，在 REE 矿床中并不常见（Williams-Jones and Vasyukova，2018）。由于 Sc 的地球化学性质不同于镧系元素和 Y，而与 Mg^{2+}、Fe^{2+} 相似，且 Sc^{3+} 与 Fe^{2+}（$r=0.076$ nm）、Mg^{2+}（$r=0.072$ nm）、Zr^{4+}（$r=0.072$ nm）等离子具有相似的离子半径和六次配位体，因此，在岩浆体系中，钪常以类质同象方式置换镁铁质硅酸盐矿物中的镁铁离子（宋学信，1982；Williams-Jones and Vasyukova，2018）；同时，根据戈尔德施密特类质同象置换法则（韩吟文和马振东，2004），当离子半径相似时，价态较高的更容易进入早期结晶的晶体晶格，这使得 Sc^{3+} 更容易优先进入早期结晶的镁铁质矿物晶格，取代价态较低的 Fe^{2+}、Mg^{2+}，因而，这些离子对 Sc 的赋存影响较大。

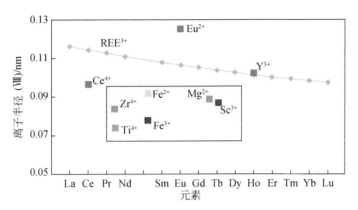

图 3.28 Sc、稀土及其他相关元素的离子半径

此外，Sc 在斜方辉石、单斜辉石、角闪石和黑云母中为相容元素，易于与其他稀土元素发生解耦（Williams-Jones and Vasyukova，2018），从而富集于辉石岩和角闪石岩中（周美夫等，2020）。例如，在芬兰的 Kiviniemi 铁闪长岩岩浆结晶过程中，Sc 被分配到镁铁质硅酸盐矿物和氟磷灰石中（Halkoaho et al.，2020）。Sc 与 Mg-Fe 类质同象可能是常见的元素置换现象（黄霞光等，2016），因此，辉石、角闪石和石榴子石是岩浆岩中最主要的 Sc 载体矿物（Liu et al.，2023），部分 Sc^{3+} 离子也可以进入磷灰石等副矿物（Eby，1973）。由此不难看出，在镁铁质-超镁铁质岩浆体系中，Sc 的载体矿物主要为辉石、角闪石等镁铁质矿物（表 3.22），当岩浆中有氟磷灰石、石榴子石、斜锆石、锆石时，这些矿物中 Sc 含量也较高。

表 3.22 全球主要基性-超基性岩型 Sc 矿床/富 Sc 岩体及 Sc 赋存矿物

Sc 矿床/富 Sc 岩体名称	主要含 Sc 岩石/矿物及 Sc 含量	主要赋 Sc 矿物	元素置换方式	文献来源
中国攀西钒钛磁铁矿	原矿和选钛尾矿中，平均 $w(Sc_2O_3)=20\times10^{-6}\sim47\times10^{-6}$	单斜辉石、角闪石、钛铁矿	$3(Mg^{2+}, Fe^{2+})=2Sc^{3+}$	何益，2016；黄霞光等，2016
中国四川红格矿区	基性-超基性岩 $w(Sc_2O_3)=12.3\times10^{-6}\sim58.7\times10^{-6}$	辉石	/	王龚，2017
中国四川新街矿区	基性-超基性岩，平均 $w(Sc_2O_3)=21.48\times10^{-6}$	辉石	/	王龚，2017
中国滇西牟定二台坡含钪基性-超基性岩体	磁铁辉石岩、含橄辉石岩、角闪辉长岩，$w(Sc_2O_3)=60\times10^{-6}\sim110\times10^{-6}$	透辉石、角闪石、锆石、斜锆石	/	郭远生等，2012

续表

Sc 矿床/富 Sc 岩体名称	主要含 Sc 岩石/矿物及 Sc 含量	主要赋 Sc 矿物	元素置换方式	文献来源
中国承德铁马岩体	角闪石岩	角闪石	$Sc^{3+}+Al^{3+}=$ $Ti^{4+}/Si^{4+}+Mg^{2+}$	王佳媛，2018
中国甘肃北山孙家岭岩体	角闪石岩，平均 $w(Sc_2O_3)=68.9\times10^{-6}$	角闪石	/	谢燮等，2018
中国白云鄂博稀土矿床	尾矿中钠闪石、霓辉石 $w(Sc_2O_3)>100\times10^{-6}$	钠闪石、霓辉石	/	马升峰，2012；李春龙和李永忠，2014
中国四川峨眉大火成岩省	辉石岩，$Sc=39\times10^{-6}\sim71\times10^{-6}$	单斜辉石	$3(Mg^{2+}、Fe^{2+})=2Sc^{3+}$	Zhou et al.，2022
中国陕西凤县九子沟基性-超基性岩体	磷灰黑云透辉石岩 平均 $w(Sc_2O_3)=40\times10^{-6}$	褐帘石、磷灰石	$RE^{3+}=Ca^{2+}+P^{5+}$	王利民和陈佩，2020
芬兰 Kiviniemi 铁闪长岩	铁闪长岩、橄榄岩	铁镁硅酸盐矿物、氟磷灰石	/	Halkoaho et al.，2020
澳大利亚东部镁铁质-超镁铁质岩体	单斜辉石岩 $Sc=80\times10^{-6}$	单斜辉石	/	Chassé et al.，2018；Teitler et al.，2019
法属新喀里多尼亚超基性岩	角闪石岩、辉长岩 $Sc>100\times10^{-6}$	角闪石	/	
乌克兰 Zhovti 矿床	$w(Sc_2O_3)=105\times10^{-6}$	霓辉石、钠闪石	/	Tarkhanov et al.，1992
印度 Pakkanadu 矿床	$w(Sc_2O_3)=200\times10^{-6}$	单斜辉石	/	Krishnamurthy，2017
加拿大 Misery Lake 矿床	$w(Sc_2O_3)=150\times10^{-6}$	单斜辉石、磷灰石	/	Petrella et al.，2014
俄罗斯 Kovdor 岩体	磁铁橄榄岩、碳酸岩 $w(Sc_2O_3)=800\times10^{-6}$	斜锆石	$2Zr^{4+}=(Nb、Ta)^{5+}$ $+Sc^{3+}$	Kalashnikov et al.，2016；Ivanyuk et al.，2016
中国上庄磷稀土钪矿床基性超基性岩体	单斜辉石岩 $w(Sc_2O_3)=$ $74.9\times10^{-6}\sim192\times10^{-6}$	透辉石	$3(Mg^{2+}、Fe^{2+})=2Sc^{3+}$	本书

注：/表示无研究资料。

单斜辉石的晶体化学通式为 XY [T_2O_6]，X 为 Ca^{2+}，Y 为 Mg^{2+}、Fe^{2+}、$Al^{Ⅵ}$ 等，T 为 Si^{4+}、$Al^{Ⅳ}$，Y 位置为 M1 配位体，Sc 在单斜辉石中倾向于八面体 M1 配位，配位数为 6（Nazzareni et al.，2013；McCarty and Stebbins，2017）。研究表明，亚碱性火成岩单斜辉石结构四面体中的 Si、Al 含量呈正相关性，单斜辉石晶格中

的 T 位主要由 Si、Al 离子占位，而其他阳离子对 Al 离子基本无替代（Kushiro，1960；Le Bas，1962）。刘英俊等（1984）对元素与 Sc 含量的对应关系分析结果显示，矿物中 Fe^{2+}、Mg^{2+} 随 Sc 的增加而降低，呈现出负相关性；另外，在辉石、角闪石等造岩矿物中，Sc^{3+} 置换 M1 位的 Fe^{2+} 或 Mg^{2+} 时，由于 Sc^{3+} 的离子半径略大于 Mg^{2+} 而与 Fe^{2+} 相近，但电负性小于 Fe^{2+} 而大于 Mg^{2+}，因此 Sc^{3+} 优先置换 Fe^{2+}，以 Al^{3+} 的补偿实现电价平衡：$Sc^{3+}+Al^{3+}{=\!=\!=}Fe^{2+}+Si^{4+}$。

本书研究的上庄镁铁质-超镁铁质岩体中主要组成矿物为单斜辉石，以含硫化物磷灰黑云单斜辉石岩单斜辉石为例，EPMA 数据计算所得单斜辉石矿物晶体化学式为 $Ca(Mg,Fe,Al)[(Si,Al)_2O_6]$，其中离子半径较大的 Ca^{2+} 占据 M2 位六面体空隙，离子半径较小的 Mg^{2+}、Fe^{2+}、Fe^{3+}、Al^{VI} 居 M1 位八面体空隙，Si^{4+} 位于 Si-O 四面体中，部分 Si^{4+} 被 Al^{IV} 替代。本书所研究样品单斜辉石晶体八面体空隙中 M1 配位的 Mg^{2+}、Fe^{2+} 与 Sc^{3+} 可能发生了置换，尽管置换量差别较大，但置换方式符合戈尔德施密特类质同象置换法则。

3. 富 Sc 单斜辉石地球化学特征

从单斜辉石的矿物成分电子探针分析结果（表 3.23）来看，上庄岩体辉石岩中单斜辉石矿物具有高的 MgO（16.37%～16.63%）、CaO（23.92%～24.33%）、$Mg^{\#}$（0.88～0.89），但 TiO_2（0.19%～0.28%）、FeO（3.79%～3.95%）、Al_2O_3（0.74%～0.89%）、MnO（0.08%～0.11%）和 Na_2O+K_2O（0.23%～0.28%）较低（表 3.23）；具有较高的 Sc（67.4×10^{-6}～73.6×10^{-6}）、Cr（902×10^{-6}～1830×10^{-6}）、Ni（62.5×10^{-6}～73.8×10^{-6}），较低的 V（63.4×10^{-6}～65.7×10^{-6}）、Zr（8.92×10^{-6}～11.5×10^{-6}）、Hf（0.37×10^{-6}～0.63×10^{-6}）和稀土总量（48.9×10^{-6}～51.7×10^{-6}）（表 3.24）。M1 位置上六次配位的 Mg^{2+}（0.903%～0.917%）较高，Fe^{2+} 和 Fe^{3+} 均较低，Al^{VI} 低至可忽略不计；处于 M2 位置的 Ca^{2+} 较高（0.949%～0.965%），Na^+ 较低；处于 T 位置的四次配位 Al^{IV} 为 0.005%～0.034%，分布极不均匀。端元组分中 Wo（硅辉石）为 47.33%～48.11%；En（顽火辉石）为 45.03%～45.72%；Fs（铁辉石）为 5.99%～6.21%。

表 3.23　单斜辉石的 EPMA 分析结果

分析点	单斜辉石岩					磷灰黑云单斜辉石岩					含硫化物磷灰黑云单斜辉石岩				
	Di1-1	Di1-2	Di1-3	Di1-4	Di1-5	Di3-1	Di3-2	Di3-3	Di3-4	Di3-5	Di5-1	Di5-2	Di5-3	Di5-4	Di5-5
SiO_2	53.24	53.08	52.97	53.30	52.93	51.18	51.83	51.56	51.87	51.15	49.09	50.52	50.40	50.49	50.86
TiO_2	0.23	0.23	0.20	0.19	0.28	0.16	0.13	0.21	0.09	0.25	0.71	0.18	0.22	0.24	0.25
Al_2O_3	0.79	0.89	0.78	0.74	0.83	2.60	2.31	2.56	2.25	2.88	3.56	1.97	2.56	2.39	2.53

续表

分析点	单斜辉石岩					磷灰黑云单斜辉石岩					含硫化物磷灰黑云单斜辉石岩				
	Di1-1	Di1-2	Di1-3	Di1-4	Di1-5	Di3-1	Di3-2	Di3-3	Di3-4	Di3-5	Di5-1	Di5-2	Di5-3	Di5-4	Di5-5
FeO	3.82	3.95	3.86	3.79	3.95	11.50	11.48	11.62	11.25	11.64	8.85	10.89	9.94	9.65	9.45
MnO	0.10	0.08	0.08	0.11	0.08	0.35	0.39	0.38	0.34	0.36	0.22	0.32	0.34	0.26	0.21
MgO	16.63	16.57	16.50	16.37	16.56	10.13	10.36	10.03	10.26	9.91	12.31	11.15	11.61	11.80	11.69
CaO	24.01	23.92	24.18	24.33	24.01	19.62	19.65	19.25	19.58	19.43	23.42	21.21	22.54	22.66	22.25
Na_2O	0.23	0.24	0.28	0.24	0.26	2.48	2.40	2.65	2.62	2.72	0.57	1.81	1.09	1.02	0.98
K_2O	0.002	0.004	0.000	0.000	0.000	0.004	0.000	0.000	0.000	0.006	0.000	0.003	0.000	0.000	0.000
$Mg^{\#}$	0.89	0.88	0.89	0.89	0.88	0.61	0.62	0.61	0.62	0.61	0.71	0.65	0.68	0.69	0.69
T Si	1.969	1.966	1.966	1.972	1.963	1.973	1.985	1.981	1.990	1.967	1.875	1.952	1.929	1.933	1.945
T Al^{IV}	0.031	0.034	0.005	0.028	0.008	0.027	0.015	0.019	0.010	0.033	0.125	0.048	0.071	0.067	0.055
M1Al^{VI}	0.003	0.004	0.000	0.004	0.000	0.091	0.089	0.097	0.092	0.098	0.035	0.042	0.044	0.041	0.059
M1Ti	0.006	0.006	0.005	0.005	0.008	0.005	0.004	0.006	0.003	0.007	0.020	0.005	0.006	0.007	0.007
M_1Fe^{3+}	0.047	0.051	0.065	0.045	0.061	0.166	0.144	0.159	0.159	0.184	0.136	0.193	0.141	0.130	0.080
M_1Fe^{2+}	0.071	0.071	0.054	0.071	0.061	0.199	0.220	0.210	0.197	0.185	0.143	0.153	0.174	0.175	0.221
M1Mn	0.003	0.003	0.003	0.003	0.002	0.011	0.013	0.012	0.011	0.012	0.007	0.010	0.011	0.009	0.007
M1Mg	0.917	0.915	0.913	0.903	0.915	0.582	0.591	0.574	0.587	0.568	0.701	0.642	0.662	0.673	0.667
M2Ca	0.952	0.949	0.961	0.965	0.954	0.810	0.806	0.792	0.805	0.801	0.958	0.878	0.924	0.930	0.912
M2Na	0.016	0.017	0.020	0.017	0.019	0.186	0.178	0.198	0.195	0.203	0.042	0.135	0.081	0.075	0.073
Wo	47.45	47.33	47.69	48.11	47.41	41.45	41.32	40.73	41.20	41.02	48.22	43.63	46.38	46.65	46.57
En	45.72	45.62	45.29	45.03	45.48	29.77	30.30	29.53	30.03	29.10	35.27	31.92	33.22	33.79	34.04
Fs	6.03	6.21	6.04	5.99	6.17	19.29	19.27	19.58	18.79	19.49	14.41	17.73	16.33	15.77	15.67
Ac	0.81	0.84	0.99	0.87	0.94	9.50	9.11	10.16	9.98	10.39	2.11	6.73	4.07	3.79	3.72
Alz	1.55	1.70	0.25	1.40	0.40	1.35	0.75	0.95	0.50	1.65	6.25	2.40	3.55	3.35	2.75

注：主量元素含量单位为%；元素单质原子数以 6 个氧原子和 4 个阳离子为基准计算；Alz=（100×Al^{IV}）/2。

表 3.24　单斜辉石 ICP-MS 分析结果　　　　（单位：10^{-6}）

分析点	单斜辉石岩					磷灰黑云单斜辉石岩					含硫化物磷灰黑云单斜辉石岩				
	Di1-1	Di1-2	Di1-3	Di1-4	Di1-5	Di3-1	Di3-2	Di3-3	Di3-4	Di3-5	Di5-1	Di5-2	Di5-3	Di5-4	Di5-5
Sc	69.1	73.6	70.1	67.4	70.0	104.3	80.7	101.4	105.7	133.2	93.1	82.3	92.0	109.6	83.9
V	63.8	63.4	65.7	64.9	65.2	460	528	410	445	403	123	166	190	220	168
Cr	1121	902	1830	1132	1048	8.85	5.98	10.88	10.36	14.14	15.1	9.30	10.7	9.42	16.6
Co	31.8	29.0	30.9	30.1	28.3	27.6	27.6	28.7	28.6	24.3	29.7	32.5	34.7	29.5	32.0
Ni	68.5	73.8	72.8	62.5	70.5	11.0	8.98	8.57	11.6	9.67	18.0	16.4	13.6	12.4	14.3

续表

分析点	单斜辉石岩					磷灰黑云单斜辉石岩					含硫化物磷灰黑云单斜辉石岩				
	Di1-1	Di1-2	Di1-3	Di1-4	Di1-5	Di3-1	Di3-2	Di3-3	Di3-4	Di3-5	Di5-1	Di5-2	Di5-3	Di5-4	Di5-5
Ba	0.36	0.10	0.32	0.00	0.15	1.89	3.48	2.81	5.52	3.07	0.32	0.78	1.43	1.85	0.47
Sr	474	343	383	418	409	445	573	317	470	269	354	329	385	582	350
Th	0.14	0.25	0.28	0.17	0.18	0.91	0.35	1.31	1.01	1.71	0.07	0.17	0.11	0.37	0.14
Zr	8.92	9.83	11.5	9.78	10.5	618	655	447	446	335	62.1	46.2	63.6	213	52.3
Hf	0.37	0.38	0.42	0.63	0.49	33.3	35.4	31.2	25.8	21.1	3.03	2.35	3.05	10.44	2.63
Nb	0.01	0.01	0.01	0.03	0.00	0.24	0.23	0.01	0.11	0.07	0.03	0.03	0.05	0.11	0.07
La	5.83	5.71	5.81	5.82	6.37	4.86	9.15	5.04	9.10	1.67	5.48	6.57	6.29	9.62	6.05
Ce	15.6	15.3	15.3	15.6	16.0	17.9	24.4	14.0	23.8	4.66	17.9	22.2	20.0	30.4	18.9
Pr	2.25	2.32	2.56	2.41	2.43	3.23	3.55	2.22	3.96	0.81	2.92	3.62	3.31	4.86	3.12
Nd	11.0	11.4	12.5	11.6	12.0	19.3	16.9	10.6	19.1	3.79	15.8	19.3	17.4	24.4	16.4
Sm	3.06	3.15	3.49	2.50	3.75	5.42	5.29	3.46	4.73	1.23	4.34	5.18	5.20	6.77	3.98
Eu	1.08	0.80	0.95	0.74	0.97	1.54	1.27	0.91	1.30	0.34	1.22	1.66	1.53	1.81	1.37
Gd	2.54	2.15	2.64	2.55	2.80	4.63	4.25	2.32	3.97	1.02	3.38	4.36	4.05	5.53	3.89
Tb	0.28	0.37	0.27	0.28	0.41	0.623	0.39	0.41	0.45	0.14	0.39	0.56	0.44	0.66	0.45
Dy	1.37	1.50	1.52	1.70	1.58	3.23	2.27	2.43	2.09	0.94	1.78	2.59	2.00	2.85	2.06
Ho	0.26	0.23	0.21	0.18	0.24	0.41	0.33	0.41	0.27	0.10	0.30	0.37	0.34	0.43	0.32
Er	0.34	0.43	0.37	0.46	0.31	0.78	0.96	0.84	0.83	0.32	0.50	0.56	0.61	0.93	0.74
Tm	0.06	0.04	0.03	0.05	0.05	0.13	0.16	0.14	0.11	0.10	0.08	0.07	0.07	0.15	0.07
Yb	0.29	0.31	0.22	0.24	0.29	0.87	0.91	1.53	0.98	0.35	0.51	0.67	0.40	0.68	0.55
Lu	0.03	0.01	0.03	0.03	0.03	0.20	0.12	0.36	0.13	0.09	0.10	0.13	0.07	0.10	0.10
Y	5.08	5.85	4.94	4.70	4.44	9.48	9.22	5.33	8.29	3.72	6.03	7.95	6.67	9.84	7.38

磷灰黑云单斜辉石岩与含硫化物磷灰黑云单斜辉石岩中的辉石矿物具高的 Al_2O_3（1.97%～3.56%）、Na_2O（0.98%～2.72%）、FeO（8.85%～11.642%）、CaO（19.25%～23.42%），较低的 MgO（9.91%～12.31%）、$Mg^{\#}$（0.61～0.71）和稀土总量（12.5×10^{-6}～77.9×10^{-6}）（表 3.23、表 3.24）。其中磷灰黑云单斜辉石岩 M1 位置上六次配位的 Mg^{2+}（0.568%～0.591%）较低，Fe^{2+}、Fe^{3+} 和 Al^{VI} 均较高；处于 M2 位置的 Ca^{2+} 和 Na^+ 较高，含量分别为 0.792%～0.810%、0.178%～0.203%；处于 T 位置的四次配位 Al^{IV} 为 0.010%～0.033%，表明其对 Si^{4+} 置换量小。端元组分中 Wo（硅辉石）为 40.73%～41.45%；En（顽火辉石）为 29.10%～30.30%；Fs（铁辉石）为 18.79%～19.58%。含硫化物磷灰黑云单斜辉石岩 M1 位置上六次

配位的 Mg^{2+}（0.642%～0.701%）较低，Fe^{2+}（0.143%～0.221%）、Fe^{3+}（0.080%～0.193%）和 Al^{VI}（0.035%～0.059%）均较高；处于 M2 位置的 Ca^{2+} 较高，为 0.878%～0.958%，Na^+ 偏低；处于 T 位置的四次配位 Al^{IV} 为 0.048%～0.125%。端元组分中 Wo（硅辉石）为 43.63%～48.22%；En（顽火辉石）为 31.92%～35.27%；Fs（铁辉石）为 14.41%～17.73%。

单斜辉石的 REE 配分模式图解显示（图 3.29），三种类型岩石的所有单斜辉石样品均表现出了轻稀土元素近平行的上凸型 REE 分布模式，这种稀土配分模式与基性侵入岩的堆晶成因单斜辉石 REE（Halama et al.，2004）模式相似，说明本次研究单斜辉石可能为堆晶成因，且可能有着相同的岩浆源区。

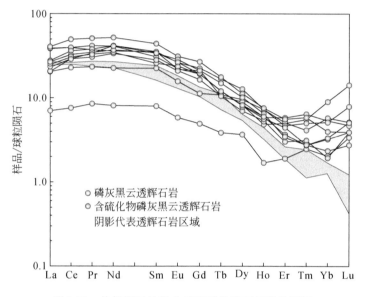

图 3.29　单斜辉石的稀土元素球粒陨石标准化图解

对上庄岩体单斜辉石中 Sc 含量与 Fe^{2+}、Mg^{2+} 数值相关性拟合优度指数（r^2）关系分析（表 3.25）表明，单斜辉石岩中与 Sc 含量相关性>0.8 的氧化物只有 Al_2O_3，但 Al 和 Al^{VI} 均未与 Sc 含量间呈现出较强的正相关性，值得注意的是，M1Fe^{3+} 和 M1Fe^{2+} 之间具负相关性（$r^2=0.92$），表明两者之间可能存在竞争关系，目前尚不能确定影响 M1Fe^{3+} 与 M1Fe^{2+} 竞争的主要因素。在 Sc 含量最高的磷灰黑云单斜辉石岩中，与 Sc 含量具强相关性的离子主要为 M1Fe^{3+} 和 M1Fe^{2+}，高场强元素 Cr、Th、Hf 与 Sc 含量之间也呈现出良好线性关系，而 Na^+、Mg^{2+} 与 Sc 间相关性较弱，M1Fe^{3+} 和 M1Fe^{2+} 之间也呈现负相关性（$r^2=0.87$）。在含硫化物磷灰黑云单斜辉石岩中，与 Sc 含量有较好相关性的元素仅有大离子元素 Sr 及高场强元素 Zr、Ha。

由此可见，三种岩石中 Al^{VI} 参与 Sc 和其他离子置换出现的电价补偿平衡过程程度可能较弱；单斜辉石岩和含硫化物磷灰黑云单斜辉石岩中也未出现 Fe^{2+}、Mg^{2+} 随 Sc 含量增高而明显降低的现象，这两类岩石中透辉石的 Sc 与其他元素类质同象置换机制尚不明确，但在磷灰黑云单斜辉石岩中 Sc 与 Fe^{2+} 的负相关性为 0.90，同时与 Fe^{3+} 正相关性高达 0.96，与 Mg 的负相关性较低（$r^2=0.68$），表明 Sc 主要对 Fe^{2+} 及部分 Mg^{2+} 发生了离子置换，类质同象表达式为 3（Mg^{2+}、Fe^{2+}）=2Sc^{3+}。该现象也暗示出上庄岩体单斜辉石中 Sc 对 Fe^{2+}、Mg^{2+} 的置换机理较为复杂，并不单纯受离子半径和电负性制约，很可能与单斜辉石结晶时的岩浆体系温度、压力、氧逸度、挥发分、岩浆主微量成分（王佳媛，2018；陶旭云等，2019）等因素密切相关。另外，由于 Zr^{4+} 和 Hf^{4+}（$r=0.071$ nm）与 Sc^{3+} 的离子半径相近，导致部分 Zr^{4+}、Hf^{4+} 进入了单斜辉石晶格，因而，在磷灰黑云单斜辉石岩和含硫化物磷灰黑云单斜辉石岩中，Sc 与 Zr^{4+}、Hf^{4+} 的相关性拟合优度指数（r^2）较高，暗示其可能对钪的赋存状态也产生了影响。

表 3.25　单斜辉石中 Sc 与主微量元素相关性拟合优度指数（r^2）关系（王进寿和陈鑫，2024）

		Sc	SiO_2	Na_2O+K_2O	CaO	Al_2O_3	MgO	FeO	TiO_2	MnO	TREE	$Mg^{\#}$
SZ1	r^2	1.000	0.25	0.02	0.61	0.89	0.27	0.65	0.10	0.59	0.05	0.50
	m/f	Cr	Ni	Sr	Th	Zr	Hf	TSi	TAl^{IV}	$M1Al^{VI}$	M1Ti
	r^2	0.23	0.06	0.74	0.54	0.36	0.02	0.45	0.36	0.02	0.00	0.05
		$M1Fe^{3+}$	$M1Fe^{2+}$	M1Mn	M1Mg	M2Ca	M2Na	Fs	Wo	En	Ac	Alz
	r^2	0.06	0.00	0.00	0.53	0.55	0.01	0.73	0.57	0.34	0.01	0.02
SZ3		Sc	SiO_2	Na_2O+K_2O	CaO	Al_2O_3	MgO	FeO	TiO_2	MnO	TREE	$Mg^{\#}$
	r^2	1.000	0.47	0.72	0.15	0.62	0.72	0.11	0.41	0.27	-0.67	0.34
	m/f	Cr	Ni	Sr	Th	Zr	Hf	TSi	TAl^{IV}	$M1Al^{VI}$	M1Ti
	r^2	0.78	0.91	0.05	0.69	0.85	0.70	0.80	0.48	0.48	0.59	0.41
		$M1Fe^{3+}$	$M1Fe^{2+}$	M1Mn	M1Mg	M2Ca	M2Na	Fs	Wo	En	Ac	Alz
	r^2	0.96	-0.90	0.15	-0.68	0.03	0.72	0.04	0.01	0.79	0.70	0.48
SZ5		Sc	SiO_2	Na_2O+K_2O	CaO	Al_2O_3	MgO	FeO	TiO_2	MnO	TREE	$Mg^{\#}$
	r^2	1.000	0.02	0.17	0.28	0.03	0.19	0.12	0.01	0.01	0.53	0.19
	m/f	Cr	Ni	Sr	Th	Zr	Hf	TSi	TAl^{IV}	$M1Al^{VI}$	M1Ti
	r^2	0.07	0.13	0.27	0.89	0.52	0.88	0.87	0.07	0.18	0.01
		$M1Fe^{3+}$	$M1Fe^{2+}$	M1Mn	M1Mg	M2Ca	M2Na	Fs	Wo	En	Ac	Alz
	r^2	0.01	0.02	0.00	0.17	0.30	0.17	0.15	0.20	0.11	0.17	0.07

注：TREE 表示稀土元素总量；m/f 为镁铁比值；-表示为负相关。

此外，对磷灰黑云单斜辉石岩和含硫化物磷灰黑云单斜辉石岩单斜辉石中占据 T 位的 Si 与 Al^{IV} 相关性计算发现，磷灰黑云单斜辉石岩单斜辉石的 TSi 与 Al^{IV} 相关性拟合优度指数为 0.94，含硫化物磷灰黑云单斜辉石岩单斜辉石的 TSi 与 Al^{IV} 相关性拟合优度指数为 0.92，均呈现出强相关性，说明单斜辉石晶格 Si-O 四面体中部分 Si^{4+} 被 Al^{IV} 替代现象是存在的。据此，本书将上庄岩体单斜辉石岩中单斜辉石化学式修订为 $Ca(Mg, Fe, Sc)[SiO_6]$，磷灰黑云单斜辉石岩中单斜辉石化学式为 $Ca, Na(Mg, Fe, Sc)[(Si, Al)_2O_6]$，而含硫化物磷灰黑云单斜辉石岩中透辉石化学式为 $Ca(Mg, Fe, Sc)[(Si, Al)_2O_6]$。

3.5　矿床成因

磷（P）和稀土（REE）是全球现代农业、化工、电子及尖端科技发展所需的关键矿产，磷及稀土矿床类型丰富多样，其提供了全球主要的磷，且有可能成为稀土（REE）的重要潜在来源（Frietsch，1978；Williams et al.，2005；Jonsson et al.，2013；Taylor et al.，2019）。富 P-Fe-（REE）的岩浆型铁矿主要与中酸性火山岩、基性侵入岩和碱性岩有关（Dill，2010），但同时也发现少数较为罕见的矿床分布于镁铁质-超镁铁质侵入岩中（Herz and Valentine，1970；Gjata et al.，1995；Hopkinson and Roberts，1995；Mitsis and Economou，2001；He et al.，2018）。在富含磷灰石的岩浆型铁矿主要类型中，含磷灰石氧化铁矿床（低 Ti）（Kiruna-type，基鲁那型）一般产于中酸性火山岩中，矿床成因仍有争论（Dill，2010；Travisany et al.，1995；Geijer，1960），与碱性火成岩有关的含磷灰石氧化铁矿床属岩浆型，赋矿岩石为碱性岩浆岩组合（Dill，2010），其中 Kiruna 型 P-Fe 矿床在空间上主要与钙碱性长英质岩石密切相关（He et al.，2018），多数情况下，钙碱性长英质岩石中 P-Fe 矿化受区域性断裂控制，矿区脉状矿体发育，富集成矿作用显示出热液或岩浆-热液作用的参与（Geijer，1960；Tornos et al.，2016；Barton and Johnson，1996；Sillitoe，2002；Pollard，2006；Dare et al.，2015）。此外，对与元古宙古老地体中基性岩（斜长岩类）有关的 P-Fe-（REE）矿化成因认识分歧较大，例如我国河北承德大庙黑山磷铁矿床被认为是岩浆成因（Dymek and Owens，2001；Zhao et al.，2009；Chen et al.，2013；孙静等，2009），但有学者提出成矿晚期阶段的磷铁矿体为热液成因观点（李立兴等，2010）。通常产出于镁铁质-超镁铁质侵入岩中的富 P-Fe-（REE）矿床与岩浆分异有关，然而，赋存于希腊 Othrys 蛇绿混杂岩地幔橄榄岩中的小型磷铁矿床却为热液成因，矿石矿物磷灰石内富含流体包裹体（Mitsis and Economou，2001）；对斯里兰卡赋存于超镁铁质岩体中的 Seruwila 磁铁矿-磷灰石矿床的成因研究表明，岩浆热液对成矿起着重要作用（He et al.，

2018）。

上庄磷稀土矿床为南祁连拉脊山蛇绿混杂带唯一产出的大型磷矿（杨合群，2020），伴生稀土规模属小型（青海省自然资源厅，2022），其中有钪的矿化（王进寿等，2015）。长期以来，矿床地质研究程度较低。拉脊山蛇绿混杂带发育大量早古生代基性-超基性侵入岩（邱家骧等，1995，1997；Yang et al.，2002；侯青叶等，2005），已有资料表明，其中部分岩体控制磷、稀土（铁、钪）的成矿作用（王进寿等，2015；杨合群，2020；邱家骧等，1997；Wang M X et al.，2017；王进寿等，2023a，2023b；Wang et al.，2023）。以往研究主要基于全岩地球化学分析，对上庄磷稀土矿含矿岩石及矿床成因提出的主要看法有：①岩石为寒武纪的陆间裂谷型小洋盆蛇绿岩组分，成矿与被 LREE 及碱质流体交代的富集地幔，经多期次部分熔融分异并遭受地壳物质混染而成的堆晶岩有关（邱家骧等，1997）；②晚寒武世晚期，幔源偏碱性基性-超基性岩浆上侵地壳，分异形成磷灰石矿体成因模式（杨合群，2020）；③P、REE、Fe 矿化超镁铁质岩由受交代的陆下岩石圈富集地幔分异而成（Wang M X et al.，2017）；④Wang 等（2023）研究认为，磷、稀土（铁钪）富集为单一超镁铁质岩浆分异富集的结果，矿床属岩浆成因。据野外调查，该矿床含矿侵入体受拉脊山北缘深大断裂控制，且部分赋矿岩石及围岩发育弱蚀变，但目前该矿床成因矿物学资料的缺乏对判别矿床成因影响较大。

有研究表明，磷灰石、黑云母、磁铁矿等矿物的特殊晶体结构，其地球化学组分可指示其成因、岩浆温度、压力、氧逸度等特征，因而被广泛用于讨论矿床类型及岩石成因（Botelho and Moura，1998；余金杰和毛景文，2002；陈伟等，2008；刘峰等，2009；张乐骏等，2011；Nadoll et al.，2014；李立兴等，2014；佘宇伟等，2014；兰彩云等，2015；段超等，2017；柴凤梅等，2023；唐名鹰等，2023；华杰文等，2023；徐志豪等，2023），而目前为止，对上庄磷稀土矿中磷灰石、黑云母、磁铁矿的化学组成（尤其是微量元素组成）尚无报道。对上庄磷稀土矿成矿过程中是否存在热液流体参与尚不清楚，较大程度上制约着南祁连成矿带与超镁铁质岩有关矿产的找矿潜力。鉴于此，本书对上庄磷稀土矿床含矿超基性岩中的磷灰石、黑云母和磁铁矿开展详细的矿物地球化学研究，探讨超镁铁质岩与 P、REE、Fe 富集成矿的联系，为揭示该矿床成因提供矿物学证据和约束。

3.5.1 样品采集与岩相学分析

1. 样品采集及处理

本次研究样品采自上庄磷稀土矿床东段矿区，采集对象为新鲜的磷灰黑云单斜辉石岩（图 3.30a）。据野外实地调查，露头岩石呈深灰色，中粗粒结构，块状构造（图 3.30a）。将采集的磷灰黑云单斜辉石岩样品磨制成探针片，经显微镜下详细观察后，选取有代表性的无包裹体、裂隙等黑云母、磁铁矿和磷灰石矿物颗粒送实验室进一步开展电子探针（EPMA）主量成分和 LA-ICP-MS 原位微量元素分析。

2. 岩相学分析结果

在偏光显微镜下观察，矿物自形程度中等，多数为半自形晶（图 3.30b）。镁铁质造岩矿物单斜辉石（约 60%）以中粗粒状自形晶为主，黑云母（约 13%）多呈片状半自形-他形晶产出，粒径普遍＞2 mm，彼此间紧密镶嵌（图 3.30c）；副矿物主要由磷灰石（约 7%）、磁铁矿（约 11%）（图 3.30d）、方解石（约 2%）组成，充填于镁铁质矿物间隙，偶有磷灰石和磁铁矿被包裹于单斜辉石中，其次为榍石、黄铁矿、黄铜矿（图 3.30d）、锆石等，分布于镁铁质矿物空隙。但未见有明显的蛇纹石化、滑石化、绿泥石化等低温蚀变。识别出矿物结晶顺序为：单斜辉石+磷灰石+磁铁矿→黑云母→方解石等，表明磷灰石、磁铁矿等与造岩矿物为

图 3.30　上庄磷稀土矿单斜辉石岩矿物组成及结构特征

Ap. 磷灰石；Bt. 黑云母；Cpx. 单斜辉石；Mag. 磁铁矿；Py. 黄铁矿；Ccp. 黄铜矿

a. 野外露头；b. 正交偏光；c. 单偏光；d. 反射光下金属矿物特征

同时结晶形成，亦即成矿作用与成岩作用近乎同时发生。磷灰石呈细中粒状产出，粒径约 0.5～5 mm；榍石、方解石、磁铁矿呈细小粒柱状，粒径＜1.5 mm。显微镜下黑云母多色性明显，主要呈褐色-褐黄色（图 3.30b）；磷灰石近乎透明，干涉色呈一级灰白。

3.5.2　单矿物化学成分分析结果

1. 黑云母

由于 EPMA 不能准确测出黑云母 Fe_2O_3 和 FeO 的含量，本书对 Fe^{2+} 和 Fe^{3+} 值的计算根据林文蔚和彭丽君（1994）的计算方法进行调整，以 22 个氧原子为基础计算了阳离子数和相关参数。从测试结果来看（表 3.26），上庄矿床中磷灰黑云单斜辉石岩中的黑云母氧化物总质量分数介于 92.85%～94.24% 之间，在含水矿物黑云母电子探针数据的允许误差之内。黑云母中 $w(SiO_2)$、$w(Al_2O_3)$ 变化不大，$w(TiO_2)$ 和 $w(Na_2O)$ 较低，$w(MgO)$、$w(K_2O)$ 和 $w(FeO^T)$ 较高，显示了高 Al、K、Ti、Fe（X_{Fe}=0.42～0.46）和 Mg（X_{Mg}0.54～0.58）中等偏低，贫 Ca 和 Na 的特征。另外，黑云母中 F、Cl 等挥发分元素贫乏。

表 3.26　磷灰黑云单斜辉石岩中的黑云母成分 EPMA 分析结果　（单位：%）

组分	SZ3-1	SZ3-2	SZ3-3	SZ5-1	SZ5-2	SZ5-3
SiO_2	34.49	34.62	36.26	34.49	34.89	34.92
TiO_2	2.58	2.83	2.16	2.72	2.94	2.52
Al_2O_3	15.77	15.37	14.87	15.33	14.87	15.52
FeO^T	18.89	18.97	18.15	18.06	18.69	18.80
MnO	0.33	0.34	0.26	0.34	0.36	0.39
MgO	11.77	11.44	12.89	12.43	12.20	12.13
CaO	0.00	0.00	0.02	0.01	0.00	0.01
Na_2O	0.12	0.09	0.06	0.16	0.13	0.15
K_2O	9.46	9.45	9.57	9.31	9.48	9.43
Cl	0.01	0.00	0.00	0.00	0.02	0.01
总计	93.42	93.11	94.24	92.85	93.58	93.88
基于 22 个氧原子计算的阳离子数						
Si	2.70	2.72	2.79	2.71	2.73	2.72
Al^{IV}	1.30	1.28	1.21	1.29	1.28	1.28

续表

组分	SZ3-1	SZ3-2	SZ3-3	SZ5-1	SZ5-2	SZ5-3
Al^{VI}	0.16	0.14	0.14	0.12	0.10	0.14
Ti	0.15	0.17	0.13	0.16	0.17	0.15
Fe^{3+}	0.10	0.12	0.12	0.10	0.10	0.10
Fe^{2+}	1.14	1.13	1.05	1.09	1.12	1.13
Mn	0.02	0.02	0.02	0.02	0.02	0.03
Mg	1.37	1.34	1.48	1.45	1.42	1.41
Ca	0.00	0.00	0.00	0.00	0.00	0.00
Na	0.02	0.01	0.01	0.03	0.02	0.02
K	0.95	0.95	0.94	0.93	0.95	0.94
总计	7.90	7.88	7.88	7.90	7.90	7.90
MF	0.52	0.51	0.56	0.55	0.53	0.53
X_{Fe}	0.45	0.46	0.42	0.43	0.44	0.44
X_{Mg}	0.55	0.54	0.58	0.57	0.56	0.56
氧化系数	0.08	0.10	0.10	0.08	0.08	0.08
含铁系数	0.47	0.48	0.44	0.45	0.46	0.47
$Al^{VI}+Fe^{3+}+Ti$	0.41	0.43	0.38	0.38	0.37	0.39
$Fe^{2+}+Mn$	1.16	1.15	1.07	1.11	1.14	1.15
Ti/(Mg+Fe+Ti+Mn)	0.06	0.06	0.05	0.06	0.06	0.05
Al/(Al+Mg+Fe+Ti+Mn+Si)	0.21	0.21	0.20	0.20	0.20	0.21
$FeO^T/(FeO^T+MgO)$	0.62	0.62	0.59	0.59	0.61	0.61

注：FeO^T 为电子探针测试 FeO 质量分数，氧化系数=$Fe^{3+}/(Fe^{3+}+Fe^{2+})$，含铁系数=$(Fe^{3+}+Fe^{2+})/(Fe^{3+}+Fe^{2+}+Mg)$；$X_{Fe}=Fe^{2+}/(Fe^{2+}+Mg)$；$X_{Mg}=Mg/(Fe^{2+}+Mg)$。

2. 磁铁矿

岩石中磁铁矿的全铁含量用 FeO^T 表示（表 3.27），$w(FeO^T)$ 含量变化范围为 91.43%～96.26%（平均值为 94.5%），与磁铁矿 FeO^T 的理论值（93.1%）偏差较小。磁铁矿中微量元素 V（3023×10^{-6}～3941×10^{-6}）、Cr（95.5×10^{-6}～390×10^{-6}）、Ni（36.1×10^{-6}～168×10^{-6}）、Ti（240×10^{-6}～6713×10^{-6}），Mg（60×10^{-6}～1688×10^{-6}）、Mn（506×10^{-6}～2529×10^{-6}），除 V、Cr、Ti（2 个低值点）较高之外，Rb、Sr、Ba、Nb、Hf、Ta、Zr、Th、U、REE、Sc、Y 等元素变化范围较大且含量较低。

Ni/Cr 比值为 0.09～1.03，平均值为 0.53。

表 3.27　磷灰黑云单斜辉石岩中磁铁矿原位主微量元素 LA-ICP-MS 测试结果

	MAG-01	MAG-02	MAG-03	MAG-04	MAG-05	MAG-06	MAG-07	MAG-08	MAG-09	MAG-10
Na$_2$O	0.00	0.00	0.00	0.00	0.00	0.00	0.00	0.00	0.01	0.00
MgO	0.02	0.03	0.01	0.01	0.03	0.03	0.28	0.04	0.28	0.01
Al$_2$O$_3$	0.94	1.37	0.01	0.01	0.04	0.17	0.47	1.52	0.44	0.02
SiO$_2$	0.37	0.38	0.36	0.32	0.57	0.43	1.88	0.42	1.13	0.39
P$_2$O$_5$	0.00	0.01	0.00	0.00	0.00	0.00	0.00	0.00	0.00	0.00
K$_2$O	0.00	0.00	0.00	0.00	0.01	0.00	0.02	0.00	0.01	0.00
CaO	0.05	0.01	0.00	0.06	0.17	0.00	1.44	0.07	0.46	0.03
TiO$_2$	0.72	0.33	0.78	0.08	0.61	0.88	1.12	0.31	0.63	0.04
MnO	0.23	0.14	0.35	0.10	0.24	0.40	0.13	0.18	0.15	0.08
FeO^T	94.40	94.44	95.17	96.26	94.84	94.71	91.43	94.09	93.57	96.16
Sc	0.24	0.49	0.17	0.04	0.25	1.31	1.61	0.54	0.41	0.21
V	3393	3359	3421	2344	4344	3790	3520	3941	3704	3023
Cr	95.5	185	215	390	304	173	119	186	100	304
Co	112	134	78.5	50.6	84.5	101	112	108	127	60.7
Ni	74.8	75.8	106	36.1	77.7	168	93.4	66.0	103	50.2
Cu	0.34	5.05	0.85	0.00	0.56	1.23	8.50	0.55	76.8	0.00
Rb	0.00	0.00	0.16	0.00	0.11	0.00	1.05	0.16	0.22	0.00
Sr	0.05	0.00	0.01	0.01	0.85	0.01	2.80	0.01	1.73	0.01
Y	0.00	0.01	0.00	0.00	0.01	0.01	0.79	0.01	0.27	0.01
Zr	0.17	0.09	0.08	0.00	0.08	0.09	14.0	0.00	0.29	0.05
Nb	0.01	0.00	0.01	0.00	0.01	0.01	0.02	0.78	0.02	0.00
Ba	0.04	0.08	0.00	0.00	4.80	0.03	17.1	0.49	1.79	0.00
REE	0.06	0.08	0.10	0.27	0.18	0.19	2.75	0.23	0.66	0.04
Hf	0.00	0.00	0.03	0.00	0.01	0.00	0.00	0.02	0.59	0.01
Ta	0.01	0.00	0.00	0.00	0.00	0.13	0.01	0.00	0.04	0.00
Th	0.01	0.01	0.02	0.00	0.00	0.11	0.02	0.00	0.02	0.00
U	0.00	0.00	0.01	0.00	0.01	0.00	0.16	0.00	0.10	0.01
Ni/Cr	0.78	0.41	0.49	0.09	0.26	0.97	0.78	0.35	1.03	0.17

注：主量元素含量单位为%，微量元素含量单位为 10^{-6}。

3. 磷灰石

上庄磷稀土矿床稀土矿石中的主要有益矿物为磷灰石和榍石，表 3.28 显示了该矿床磷灰黑云单斜辉石岩中磷灰石的主量和微量化学成分。结果显示，磷灰石中 F 含量为 1.95%～3.06%，为氟磷灰石。稀土总量（2722×10^{-6}～7730×10^{-6}）和 SrO（0.40%～0.89%）较高。另外，稀土配分曲线呈现出轻稀土富集、重稀土亏损，轻重稀土强烈分馏，$(La/Yb)_N$ 为 25.1～68.0，Eu 负异常较弱，Ce 无明显异常的特征。含少量 SO_3（0.10%～0.72%），Cl/F 比值为 0.00～0.01。

表 3.28　磷灰黑云单斜辉石岩中磷灰石的主量和微量化学成分

元素	样品 SZ3				样品 SZ5			
TiO_2	0.01	0.03	0.02	0.00	0.01	0.03	0.02	0.00
CaO	53.74	53.86	54.29	53.63	54.27	54.17	53.92	54.72
Na_2O	0.12	0.08	0.06	0.12	0.14	0.16	0.16	0.04
P_2O_5	40.23	40.16	40.57	39.92	39.38	39.56	39.26	40.69
MnO	0.00	0.03	0.01	0.01	0.02	0.01	0.00	0.04
SiO_2	0.61	0.29	0.18	0.38	0.76	0.40	0.60	0.24
MgO	0.00	0.00	0.00	0.00	0.01	0.01	0.01	0.00
FeO	0.04	0.01	0.03	0.16	0.04	0.13	0.06	0.07
SrO	0.89	0.86	0.62	0.82	0.78	0.73	0.78	0.40
Al_2O_3	0.00	0.00	0.00	0.00	0.00	0.01	0.00	0.00
K_2O	0.00	0.00	0.00	0.00	0.00	0.00	0.00	0.00
SO_3	0.40	0.25	0.18	0.23	0.72	0.50	0.65	0.10
F	2.60	3.06	2.81	3.04	2.40	2.15	1.95	2.14
Cl	0.01	0.00	0.00	0.00	0.02	0.02	0.02	0.01
总计	98.65	98.62	98.78	98.33	98.54	97.88	97.42	98.44
Cl/F	0.00	0.00	0.00	0.00	0.01	0.01	0.01	0.00
Sc	0.54	0.00	0.00	0.02	0.36	0.28	0.38	0.28
V	76.5	37.3	34.9	48.6	67.3	56.2	57.4	48.8
Sr	2287	3043	2962	6486	5082	5659	3485	2527
Ba	12.9	8.30	4.11	73.0	2225	289	7.34	529
Th	309	442	330	448	136	139	50.3	50.6
U	28.6	33.5	28.1	44.1	12.2	16.8	5.78	6.14
La	1312	1017	742	806	937	1085	657	529

续表

元素	样品 SZ3				样品 SZ5			
Ce	3194	2287	1976	2308	1916	2125	1287	1102
Pr	401	288	268	332	226	250	150	135
Nd	1801	1303	1281	1609	982	1063	671	620
Sm	378	268	275	363	184	200	127	124
Eu	92.1	67.4	66.2	91.8	44.1	46.5	31.8	29.2
Gd	302	232	227	311	142	153	99.5	98.1
Tb	32.2	23.4	23.9	33.2	14.4	15.5	10.1	9.86
Dy	132	97.4	98.3	142	58.9	63.3	43.0	43.4
Ho	20.3	14.6	15.0	21.0	8.72	9.68	6.65	6.77
Er	38.5	29.2	28.3	41.5	17.6	19.5	13.6	13.7
Tm	3.90	2.95	3.03	4.24	1.81	2.01	1.44	1.46
Yb	20.1	15.6	14.5	23.0	9.89	11.7	7.94	8.21
Lu	2.68	1.95	2.08	2.76	1.27	1.32	1.05	1.05
Y	539	390	387	545	232	248	169	165
ΣREE	7730	5648	5020	6089	4544	5046	3107	2722
$(La/Yb)_N$	56.8	46.8	36.7	25.1	68.0	66.5	59.4	46.2

注：主量元素含量单位为%，微量元素含量单位为 10^{-6}。

3.5.3　矿物化学组成及对矿床成因的指示

1. 黑云母

黑云母的化学通式为 $IM_3T_4O_{12}A_2$，其中，I 代表 K、Ca、Na、Ba；M 一般有 Li、Fe^{2+}、Fe^{3+}、Mg、Al^{VI}、Ti、Mn；T 表示 Al^{IV}、Fe^{3+}、Si；A 主要为 OH、Cl、F。黑云母按其成因通常分为岩浆黑云母和热液黑云母两类，结晶后可能会发生变质、蚀变，通常以 CaO 含量来判断黑云母是否受到岩浆期后变质作用的影响，一般来讲，黑云母中 CaO 含量低，表明其受岩浆期后变质作用影响较小（Wones and Eugster，1965；Nachit et al.，2005）。本次研究的黑云母 $w(CaO)$ 为 0～0.02%，具有无 Ca 或贫 Ca 的特点，表明样品未受到大气降水或绿泥石化、碳酸盐化的影响（Kumar and Pathak，2010）；此外，样品的 Fe/(Fe＋Mg)比值为 0.44～0.48、$Fe^{2+}/(Fe^{2+}＋Mg)$比值为 0.42～0.46，变化范围窄，亦表明未受后期热液流体改造（Stone，2000）或变质作用（Foster，1960），指示了其为典型原生黑云母或岩浆成因（Kumar and Pathak，2010）。据岩相学镜下观测，黑云母多呈半自形-他形，形态以片状为主，褐色-褐黄色多色性明显，符合岩浆黑云母特征（Nachit et al.，2005）。在黑云母的 $10TiO_2$-FeO^T-MgO 图解中，由于其偏低的 FeO^T 数值，样品点偏离但靠近岩浆黑云母区域（图 3.31a），可能与磁铁矿结晶降低了岩浆中的 Fe^{3+} 含量有关，并使岩浆氧逸度降低，黑云母中因 Fe^{3+} 不足出现的空位则由 Mn 等元素填充；在 Mg-（Al^{VI}＋Fe^{3+}＋Ti）-（Fe^{2+}＋Mn）图解中，样品点均位于镁质黑云母范围（图 3.31b）。因此，研究区黑云母为原生黑云母，其化学成分可以用来讨论岩石成因和源区特征等。

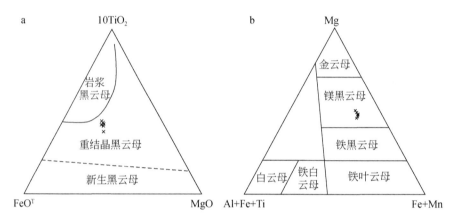

图 3.31 上庄磷稀土矿床单斜辉石岩黑云母的 $10TiO_2$-FeO^T-MgO

（a 底图据 Nachit et al.，2005）和黑云母分类图解（b 底图据 Foster，1960）

研究表明，幔源黑云母具有较高的 MgO 含量（＞15%），壳源黑云母具有低的 MgO 含量（＜6%），壳幔混源黑云母的镁铁比值为 6%～15%（张玉学，1982；刘彬等，2010）。本书研究的上庄磷灰黑云单斜辉石岩黑云母 MgO 含量为 11.44%～12.89%，显示出壳幔混源黑云母的 MgO 特征，暗示黑云母结晶时地幔源区遭受过壳源物质混染，与 Wang 等（2017）通过 Sr-Nd-Pb 同位素源岩示踪研究所得结论相符，可能与晚寒武世俯冲洋壳物质的参与有关（Fu C L et al.，2019）。

Wones 和 Eugster（1965）研究表明，随着岩浆系统氧逸度增加，熔体的 Fe^{3+}/Fe^{2+} 值增加，导致更少的 Fe^{2+} 与 Mg^{2+} 进入黑云母矿物的晶格中，因而，可以根据 Fe^{3+}、Fe^{2+} 和 Mg^{2+} 原子百分数来估算黑云母结晶时的氧逸度。本书研究的黑云母样品 Fe^{3+} 含量为 0.10%～0.12%，Fe^{2+} 含量为 1.05%～1.14%，Mg 含量为 1.34%～1.48%，在 Fe^{3+}-Fe^{2+}-Mg 判别图解中，样品点主要位于 Ni-NiO 与 Fe_2SiO_4-SiO_2-Fe_3O_4 两条缓冲线之间且更靠近 Ni-NiO 缓冲线（图 3.32），暗示黑云母结晶时的氧逸度略低，其原因很可能是早期的磁铁矿结晶消耗了岩浆中大量氧（赵振华和严爽，2019）

所致。上庄磷稀土矿床超镁铁质岩中 F 含量为 $1124×10^{-6}$～$4227×10^{-6}$（均值为 $1891×10^{-6}$）、Cl 含量为 $35.8×10^{-6}$～$61.1×10^{-6}$（均值为 $48.5×10^{-6}$）、S 含量为 $344×10^{-6}$～$2128×10^{-6}$（均值为 $1172×10^{-6}$），超镁铁质岩可能为源区富 P、富挥发分的石榴子石相地幔橄榄岩经多期次部分熔融分异而成，并形成 P、Fe 等成矿元素的富集，源岩具有受板片流体或熔体物质交代的陆下岩石圈地幔（SCLM）特征，形成于俯冲环境（Wang M X et al.，2017），判断矿床成因与超镁铁质岩浆分异有关（Wang et al.，2023）。

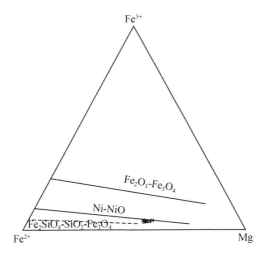

图 3.32　上庄磷稀土矿床单斜辉石岩黑云母的 Fe^{3+}-Fe^{2+}-Mg 图解

（底图据 Wones and Eugster，1965）

黑云母的 Ti 可以用来估算其结晶温度，估算公式：$T=\{[\ln(\mathrm{Ti})-a-c(X_{\mathrm{Mg}})^3/b]^{0.333}$，式中 $a=-2.3594$，$b=4.6482×10^{-9}$，$c=-1.7283$。该公式的标定范围 X_{Mg} 为 0.275～1.000，Ti=0.04～0.60，T=480～800 ℃（Henry et al.，2005），该公式在应用于估算花岗岩中黑云母的温度时表现出较好的适用性（Parsapoor et al.，2015；Azadbakht et al.，2020；柴凤梅等，2023；华杰文等，2023）。本书尝试利用该公式计算，估算出上庄磷稀土矿床磷灰黑云单斜辉石岩中黑云母的结晶温度为 683～837 ℃，尽管有部分数值超出了 800 ℃ 的标定上限范围，但大致反映出黑云母结晶时的温度较高，表明其形成于相对高温的介质中。

2. 磁铁矿

磁铁矿化学式为 Fe_3O_4：$^{IV}Fe^{3+}{}^{VI}(Fe^{2+}Fe^{3+})O_4$，等轴晶系，反尖晶石结构，全部 Fe^{2+}、50%Fe^{3+} 占据八面体位置。磁铁矿中具指标意义的微量元素是 Ti、Al、

Mg、Mn、V、Cr、Co 和 Ni（赵振华和严爽，2019）。温度是控制磁铁矿微量元素成分的主要因素，温度较高溶解度较大，反之亦然（陈应华等，2018），尤以 Ti 含量与温度关系较为明显（Baikey 和 Kearns，2002）。Ray 和 Webster（2007）认为岩浆结晶形成高 Ti 磁铁矿，岩浆热液则形成低 Ti 磁铁矿。对不同类型磁铁矿的微量元素分析认为，热液型磁铁矿具有高 Mg、Mn，低 Ti 的特征，岩浆型磁铁矿具有高 V、Cr、Ti，低 Mg 的特征（Dupuis and Beaudoin，2011；Nadoll et al.，2014），可归纳为岩浆型磁铁矿具有高 V、Ti（部分具有低 Ti）的特征，而热液型磁铁矿具有高 Mg、Mn 的特征（兰彩云等，2015）。磁铁矿中高含量 V 被解释为与早期岩浆的低氧逸度有关（Sievwright et al.，2017），V 含量高的磁铁矿一般结晶于岩浆分异早期，后期结晶的磁铁矿中 V 含量低（Dare et al，2012），但有报道富 CO_2 流体的加入可以导致岩浆的氧逸度大幅度提高（Ganino et al.，2008），而高氧逸度会抑制超镁铁质岩中钛铁矿结晶，进而有利于磁铁矿大量形成（Buddington and Lindsley，1964），同时也应考虑作为磁铁矿的强相容性元素，V 优先进入早期结晶磁铁矿中的情况。

上庄磷稀土矿石中的磁铁矿成分较为复杂，其中 V、Cr 含量较高，但 Mg 低，总体上具有类似岩浆型磁铁矿的高 V、Cr、Ti（部分较低）的特征，且磁铁矿可能为早期结晶矿物，这与矿相学镜下观察到的矿物结晶顺序规律相符。另外，上庄磷稀土矿石磁铁矿中 Ti（个别较低）含量较高，表明岩浆源区富 Ti，但 Ti 含量波动较大，表明其在熔体中分布不均一或成矿温度不稳定，且发现矿石中钛铁矿含量较少，而磁铁矿含量较高；矿物学观察及矿物自动定量分析（AMICS）鉴别出约 2%的碳酸盐矿物（王进寿等，2023a），暗示岩浆中可能存在少量含 CO_2 的流体，其提高了岩浆氧逸度并容纳大量 V 进入磁铁矿晶格，抑制钛铁矿形成的同时促使磁铁矿持续析出沉淀。

此外，Cr 和 Ni 是区别岩浆和热液磁铁矿的重要元素，岩浆磁铁矿的 Ni/Cr 比值≤1，例如，陈应华等（2018）对莱芜铁矿中磁铁矿类型的区分研究表明，岩浆型磁铁矿 Ti 含量高且 Ni/Cr 比值≤1，而热液型磁铁矿 Ti 含量低且 Ni/Cr 比值≥1。本书研究的磁铁矿样品含 Ti 较高（2 个低值点），且除 1 个点外，其余数值点 Ni/Cr 比值≤1，在 Ti-Ni/Cr 图解（Dare et al.，2014）中大多数点落入岩浆磁铁矿区域（图 3.33），也再次说明上庄磷稀土矿中的磁铁矿为岩浆成因。

3. 磷灰石

磷灰石的化学通式为$(X_5ZO_4)_3F,Cl,OH$，式中 X 代表 Ca、Sr、Ba、Pb、Na、La、Ce、Y 等，Z 主要为 P。磷灰石中 F 和 Cl 的含量能够反映磷灰石形成时的温度、压力、pH 和流体成分等信息（Zhu and Sverjensky，1991；Imai et al.，1993），

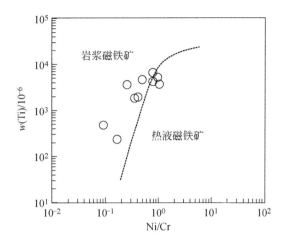

图 3.33 上庄超镁铁质岩中磁铁矿 Ti-Ni/Cr 图解

（底图据 Dare et al.，2014）

SO_3 的含量也能指示矿物形成时岩浆源区的氧化还原状态和温度（Imai et al.，1993；Peng et al.，1997；Parat and Holtz，2004），通常磷灰石的 SO_3 含量与岩浆氧逸度存在正相关性（Parat and Holtz，2004）；同时磷灰石是稀土完全配分型矿物，磷灰石中稀土元素的变化特征对确定辉石成因类型、溶液演化特征进而探讨矿床成因有着重要的意义。上庄超镁铁质岩中的磷灰石为结晶程度较好的氟磷灰石，其高 F、贫 Cl、低 Cl/F 比值，强烈富集轻稀土，轻、重稀土分馏明显，这些特征与典型岩浆型磷灰石极为相符（Frietsch and Perdahl，1995；Belousova et al.，2001；Chu et al.，2009）；而较高的 SO_3 含量（0.10%~0.72%）指示磷灰石结晶时硅酸盐熔体处于较高的氧化环境。另外，对磷灰石的背散射图像（BSE）（图 3.34）观察表明，磷灰石表面均一明亮，无热液型磷灰石或被热液溶蚀交代磷灰石具有的孔洞、裂隙、浑浊发暗（邢凯和舒启海，2021）等特征，也说明其为岩浆型磷灰石。此外，本书中的磷灰石作为矿物包体出现在辉石矿物中（王进寿等，2024b），这与 Pochon 等（2016）所报道镁铁质岩体中岩浆磷灰石的产出特征一致。

由于 REE 和 Sr 在磷灰石中为强相容元素，REE 元素以类质同象替代方式进入磷灰石晶体，最常见的置换关系有 $REE^{3+} + Sr^{4+} = Ca^{2+} + P^{5+}$、$REE^{3+} + Na^+ = 2Ca^{2+}$、$2REE^{3+} + \square_{Ca} = 3Ca^{2+}$（□表示结构中空位）以及 $REE^{3+} + Si^{4+} = Ca^{2+} + P^{5+}$（Pan and Fleet，2002；Hughes and Rakovan，2002；Hughes and Rakovan，2015），因此，磷灰石是超基性岩和矿石中最富含 REE、Sr 元素的矿物，可认为全岩中大部分的 REE 赋存于磷灰石中（兰彩云等，2015），而这种磷灰石应是一种堆晶矿物（Dymek and Owens，2001）。实验岩石学表明，Fe-C-O 的

矿浆在高温（800～900 ℃）条件下可以结晶出磷灰石（2%～35%）、低 Ti 磁铁矿，同时结晶矿物包括少量的硅酸盐矿物、碳酸盐矿物及硫化物（Weidner，1982）。本书所研究矿石中磷灰石含量约 7%，磷灰石富含以轻稀土为主的 REE（2886×10^{-6}～7729×10^{-6}），磷灰石为 REE 赋存的最主要载体矿物（王进寿等，2024），同时，磷灰石中富集 Sr（2287×10^{-6}～6486×10^{-6}），暗示其生成时无热液参与（兰彩云等，2015）。因而，在上庄磷稀土成矿机制中，推断富 P 的源岩在较高的温度、氧逸度条件下，部分熔融、分异形成 P、REE 的大量富集矿化。

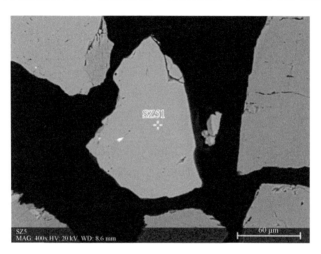

图 3.34　上庄超镁铁质岩中磷灰石的 BSE 图像

另外，P-REE-Fe 矿床可能代表一种岩浆矿床，Fe、P 从富挥发分的熔体中熔离形成（Travisany et al.，1995），P_2O_5 和挥发性组分 CO_2 的存在被认为对磁铁矿的结晶具有重要控制作用，P_2O_5 可以和 Fe^{3+} 反应形成 $FePO_4$ 化合物，从而降低岩浆中的 Fe^{3+}/Fe^{2+} 比值，抑制磁铁矿的结晶，有利于熔体中 Fe 的聚集（Toplis et al.，1994）。对上庄磷稀土矿超镁铁质岩全岩主量元素测试显示岩石中含有较多的 P（王进寿等，2023a），但 CO_2 的加入可能阻碍了 $FePO_4$ 化合物的化合，促使磁铁矿在早期岩浆中结晶，暗示上庄磷稀土矿超镁铁质岩浆中，P_2O_5 和挥发性组分 CO_2 也作为控制磁铁矿富集矿化的重要地球化学因素。

综上所述，本研究认为：①上庄磷稀土矿赋存于磷灰黑云单斜辉石岩中，矿石矿物与其寄主岩矿物相同，磷灰石和磁铁矿结晶于岩浆早期，且形成不晚于黑云母，成岩成矿与地幔岩的部分熔融分异密切相关。②矿石中的黑云母高 Al、K、Ti、Fe（X_{Fe}=0.42～0.46）、Mg（X_{Mg}=0.54～0.58）中等偏低，贫 Ca 和 Na，属镁质黑云母，为原生黑云母或岩浆成因；结晶时岩浆系统温度较高、氧逸度较低，且可能有壳源物质混染。③磁铁矿中微量元素 V（$3023\times10^{-6}\sim3941\times10^{-6}$）、Cr（$95.5\times10^{-6}\sim390\times10^{-6}$）和 Ti（$240\times10^{-6}\sim6713\times10^{-6}$）含量较高，其他元素变化范围较大且含量较低，Ni/Cr 比值≤1，显示其岩浆型磁铁矿的特征，熔体中少量含 CO_2 的流体导致岩浆系统氧逸度提高，促使磁铁矿结晶。④磷灰石为结晶程度较好的氟磷灰石，背散射图像（BSE）中均一明亮，无热液型磷灰石或被热液溶蚀交代磷灰石具有的孔洞、裂隙、浑浊发暗等现象；其高 F（$1.95\%\sim3.06\%$）、贫 Cl、高 Sr（$2287\times10^{-6}\sim6486\times10^{-6}$），强烈富集轻稀土（$2539\times10^{-6}\sim7178\times10^{-6}$），轻、重稀土分馏明显，$(La/Yb)_N$ 为 25.1～68.0 的特征，与典型岩浆型磷灰石相似；富 P 的源岩在较高温度、氧逸度条件下，部分熔融分异，并形成 P、REE 的大量富集矿化。

3.5.4　控矿因素及找矿标志

1. 控矿因素

构造：P、REE、Sc 矿分布于超基性岩体内，而超基性岩体的分布又受疏勒南山-拉脊山岩石圈区域断裂构造的控制。在超基性岩体形成过程中，断裂构造的继承性活动为岩浆侵入提供了通道和场所。

岩相：断裂构造控制了超基性岩体的侵入形态，由于岩浆分异作用，岩体内又可划分出若干岩相带，不同的矿石类型分布于不同岩相带内，如：① 磷及稀土主要分布于磷灰石黑云母单斜辉石岩相带（包括黑云母单斜辉石岩及含硫化物磷灰黑云单斜辉石岩），钪矿则分布于黑云母单斜辉石岩相带和磷灰石黑云母单斜辉石岩相带中；② 矿体的产状与相应的岩相带基本一致；③ 矿石与相应的矿物组合基本一致，矿石中的有用矿物即为岩石的造岩矿物。

2. 找矿标志

含矿岩石标志：单斜辉石岩体为成矿元素的寄主岩，含矿岩体侵入在寒武系北西西向延伸的压扭性断裂构造带中，因此，拉脊山蛇绿混杂岩带北缘纵向断裂发育地带为寻找该类含矿岩体的远景区。

围岩蚀变标志：与岩体相接触的火山岩（变安山岩、安山质凝灰岩等）具强烈的闪石化、绿帘石化、绿泥石化，碳酸盐化、黑云母化亦较发育。

脉岩标志：靠近含矿岩体的外接触带中，普遍分布有数量不等、大小不一的碱长岩脉、碳酸岩脉。

矿物组合标志：P、REE 矿体的矿石矿物组合主要为"单斜辉石+氟磷灰石+榍石+方解石"，Sc 矿体的矿石矿物组合主要为"单斜辉石+氟磷灰石+黑云母"。

第4章 矿床成矿时代、成矿地质环境

4.1 锆石形态、U-Pb 年龄及微量元素

本次选取了 SZ2-1、SZ3-1 和 SZ5-1-3 三个样品（图 4.1）挑选锆石并开展 U-Pb 定年。所有锆石晶粒均呈半自形-他形，长度分别为 100～150 μm、150～200 μm

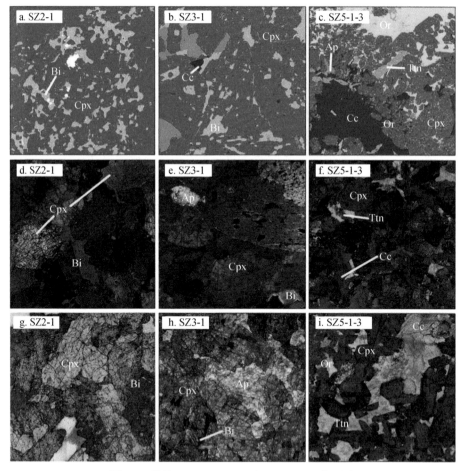

图 4.1 样品 SZ2-1、SZ3-1 和 SZ5-1-3 显微照片

a、b、c 图为 BSE，d、e、f 图为正交偏光，g、h、i 图为单偏光

和 150～200 μm，锆石颗粒阴极发光（CL）图像均表现出明显的振荡和板片状分带（图 4.2a、图 4.2b、图 4.2c）和变化的 Th（$95×10^{-6}$～$1086×10^{-6}$、$29×10^{-6}$～$1054×10^{-6}$ 和 $25×10^{-6}$～$3758×10^{-6}$）和 U（$274×10^{-6}$～$1249×10^{-6}$、$83×10^{-6}$～$631×10^{-6}$ 和 $397×10^{-6}$～$2500×10^{-6}$）含量，Th/U 比值（0.34～1.74、0.15～2.22 和 0.02～2.92，个别小于 0.5）（表 4.1）与岩浆成因一致（Wu and Zheng，2004）。SZ3 和 SZ5 中的锆石数量多、体积大、REE 含量高（图 4.2d，表 4.1、表 4.2），显著的 Ce 的正异常（δCe：3.24～771.45）和 Eu 的负异常（δEu：0.34～0.88）也指示它们是岩浆成因（图 4.2d，表 4.2）。所有锆石均显示出陡峭的稀土配分模式，重稀土富集和轻稀土亏损，从 SZ2-1、SZ3-1 到 SZ5-1，锆石稀土逐渐升高（图 4.2d）。

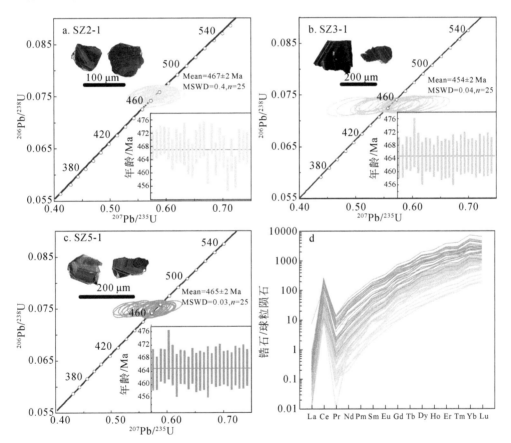

图 4.2　SZ2、SZ3 和 SZ5 LA-ICP-MS 锆石 U-Pb 年龄谐和图、加权平均年龄（Mean）和锆石的球粒陨石标准化稀土元素配分曲线图及锆石阴极发光图

（标准化数据引自 Sun and McDonough，1989）

表 4.1 青海上庄超镁铁质侵入体锆石 U-Pb 定年同位素分析结果

	含量/10^{-6}			Th/U	比值						年龄/Ma					
	Pb	Th	U		$^{207}Pb/^{206}Pb$	1σ	$^{207}Pb/^{235}U$	1σ	$^{206}Pb/^{238}U$	1σ	$^{207}Pb/^{206}Pb$	1σ	$^{207}Pb/^{235}U$	1σ	$^{206}Pb/^{238}U$	1σ
样品 SZ2																
1	131	347	869	0.40	0.0570	0.0015	0.5943	0.0152	0.0753	0.0007	500	57	474	10	468	4
2	264	882	823	1.07	0.0573	0.0014	0.5983	0.0144	0.0754	0.0007	506	58	476	9	468	4
3	297	1014	978	1.04	0.0569	0.0015	0.5965	0.0158	0.0755	0.0007	487	57	475	10	469	4
4	225	672	1249	0.54	0.0554	0.0013	0.5803	0.0137	0.0756	0.0007	428	50	465	9	470	4
5	56	147	360	0.41	0.0564	0.0017	0.5882	0.0180	0.0754	0.0008	478	67	470	12	469	5
6	82	243	433	0.56	0.0583	0.0019	0.6033	0.0193	0.0748	0.0007	539	66	479	12	465	4
7	82	224	521	0.43	0.0568	0.0019	0.5906	0.0190	0.0753	0.0008	483	70	471	12	468	5
8	139	411	741	0.55	0.0554	0.0015	0.5752	0.0150	0.0752	0.0007	428	59	461	10	467	4
9	146	493	490	1.01	0.0543	0.0020	0.5664	0.0215	0.0754	0.0010	389	81	456	14	468	6
10	48	118	344	0.34	0.0576	0.0019	0.5946	0.0190	0.0747	0.0009	522	71	474	12	465	5
11	103	300	584	0.51	0.0558	0.0017	0.5755	0.0168	0.0745	0.0008	456	67	462	11	464	5
12	142	376	919	0.41	0.0548	0.0016	0.5728	0.0173	0.0752	0.0008	467	60	460	11	467	5
13	190	540	1070	0.51	0.0538	0.0014	0.5638	0.0149	0.0755	0.0008	361	57	454	10	469	5
14	75	245	276	0.89	0.0550	0.0024	0.5746	0.0241	0.0756	0.0009	413	94	461	16	470	5
15	137	471	440	1.07	0.0579	0.0020	0.5954	0.0199	0.0742	0.0008	528	81	474	13	461	5
16	199	670	602	1.11	0.0560	0.0017	0.5857	0.0178	0.0756	0.0007	450	64	468	11	470	4
17	180	588	590	1.00	0.0541	0.0017	0.5600	0.0179	0.0746	0.0008	376	70	452	12	464	5
18	45	122	301	0.41	0.0542	0.0021	0.5643	0.0217	0.0753	0.0008	376	87	454	14	468	5
19	137	454	596	0.76	0.0570	0.0018	0.5921	0.0195	0.0749	0.0008	500	70	472	12	466	5
20	38	95	274	0.35	0.0567	0.0020	0.5797	0.0205	0.0739	0.0008	480	50	464	13	459	5
21	137	483	403	1.20	0.0545	0.0017	0.5623	0.0169	0.0748	0.0008	391	69	453	11	465	5
22	67	182	450	0.40	0.0578	0.0020	0.5872	0.0198	0.0739	0.0007	520	78	469	13	460	4
23	294	1086	624	1.74	0.0561	0.0016	0.5817	0.0172	0.0753	0.0008	457	65	466	11	468	5
24	290	1026	743	1.38	0.0572	0.0016	0.5925	0.0166	0.0753	0.0007	498	66	472	11	468	4
25	167	454	1021	0.44	0.0539	0.0014	0.5582	0.0153	0.0751	0.0008	369	64	450	10	467	5

续表

	含量/10⁻⁶			Th/U	比值						年龄/Ma					
	Pb	Th	U		$^{207}Pb/^{206}Pb$	1σ	$^{207}Pb/^{235}U$	1σ	$^{206}Pb/^{238}U$	1σ	$^{207}Pb/^{206}Pb$	1σ	$^{207}Pb/^{235}U$	1σ	$^{206}Pb/^{238}U$	1σ
					样品 SZ3											
1	48	202	188	1.07	0.0487	0.0027	0.4909	0.0271	0.0727	0.0012	200	57	406	18	452	7
2	71	263	309	0.85	0.0519	0.0016	0.5246	0.0164	0.0728	0.0009	280	72	428	11	453	5
3	55	206	268	0.77	0.0530	0.0020	0.5360	0.0194	0.0731	0.0009	328	85	436	13	455	5
4	55	211	262	0.80	0.0525	0.0020	0.5312	0.0195	0.0728	0.0008	306	85	433	13	453	5
5	21	82	83	0.99	0.0503	0.0026	0.5042	0.0248	0.0726	0.0011	209	122	415	17	452	6
6	40	157	166	0.95	0.0541	0.0024	0.5407	0.0218	0.0729	0.0011	376	103	439	14	453	6
7	48	201	116	1.73	0.0530	0.0023	0.5336	0.0226	0.0727	0.0010	332	101	434	15	452	6
8	94	392	291	1.35	0.0579	0.0021	0.5850	0.0207	0.0726	0.0009	528	78	468	13	452	5
9	108	462	281	1.64	0.0562	0.0021	0.5693	0.0213	0.0731	0.0008	457	83	458	14	455	5
10	236	1054	631	1.67	0.0585	0.0017	0.5887	0.0166	0.0727	0.0011	546	63	470	11	452	5
11	71	284	288	0.99	0.0567	0.0021	0.5728	0.0213	0.0729	0.0009	480	84	460	14	454	6
12	20	59	156	0.38	0.0621	0.0032	0.6219	0.0302	0.0729	0.0011	677	109	491	19	454	6
13	73	318	214	1.48	0.0585	0.0024	0.5906	0.0248	0.0730	0.0010	550	91	471	16	454	6
14	48	207	151	1.37	0.0527	0.0022	0.5332	0.0225	0.0732	0.0009	317	96	434	15	455	6
15	22	80	94	0.85	0.0533	0.0028	0.5359	0.0292	0.0728	0.0011	343	119	436	19	453	7
16	54	177	320	0.55	0.0568	0.0019	0.5751	0.0187	0.0730	0.0008	483	72	461	12	455	5
17	34	92	185	0.50	0.0594	0.0023	0.6021	0.0243	0.0732	0.0010	583	85	479	15	455	6
18	38	156	145	1.08	0.0585	0.0027	0.5897	0.0268	0.0731	0.0010	550	106	471	17	455	6
19	49	196	235	0.84	0.0549	0.0020	0.5540	0.0196	0.0730	0.0009	409	80	448	14	454	5
20	17	29	199	0.15	0.0583	0.0021	0.5891	0.0219	0.0728	0.0009	539	80	470	14	453	5
21	69	282	269	1.05	0.0601	0.0023	0.6108	0.0236	0.0729	0.0009	609	81	484	15	454	5
22	132	611	276	2.22	0.0612	0.0025	0.6210	0.0243	0.0733	0.0010	656	82	490	15	456	6
23	38	144	184	0.78	0.0584	0.0027	0.5864	0.0255	0.0731	0.0011	546	100	469	16	455	6
24	36	145	147	0.98	0.0599	0.0026	0.5999	0.0247	0.0731	0.0010	611	96	477	16	455	6
25	42	140	240	0.58	0.0575	0.0020	0.5823	0.0198	0.0731	0.0009	509	77	466	13	455	5

	含量/10^{-6}			Th/U	比值						年龄/Ma					
	Pb	Th	U		$^{207}Pb/$ ^{206}Pb	1σ	$^{207}Pb/$ ^{235}U	1σ	$^{206}Pb/$ ^{238}U	1σ	$^{207}Pb/$ ^{206}Pb	1σ	$^{207}Pb/$ ^{235}U	1σ	$^{206}Pb/$ ^{238}U	1σ
					样品 SZ5											
1	347	1464	1015	1.44	0.0549	0.0015	0.5691	0.0160	0.0747	0.0008	409	63	457	10	465	5
2	505	2183	1032	2.12	0.0550	0.0014	0.5716	0.0149	0.0750	0.0009	413	62	459	10	466	5
3	506	2240	991	2.26	0.0548	0.0013	0.5699	0.0141	0.0750	0.0008	467	56	458	9	466	5
4	375	1684	790	2.13	0.0572	0.0015	0.5921	0.0151	0.0746	0.0007	498	56	472	10	464	4
5	151	644	428	1.50	0.0551	0.0018	0.5734	0.0198	0.0748	0.0008	417	72	460	13	465	5
6	259	1071	1128	0.95	0.0565	0.0016	0.5890	0.0176	0.0749	0.0009	472	61	470	11	465	5
7	171	643	903	0.71	0.0574	0.0018	0.5984	0.0187	0.0751	0.0008	506	69	476	12	467	5
8	239	1078	609	1.77	0.0562	0.0017	0.5793	0.0173	0.0745	0.0010	457	67	464	11	463	6
9	282	1263	742	1.70	0.0544	0.0017	0.5642	0.0176	0.0747	0.0009	387	70	454	11	464	5
10	532	2448	1149	2.13	0.0568	0.0013	0.5903	0.0145	0.0747	0.0008	483	84	471	9	464	5
11	63	28	1175	0.02	0.0547	0.0014	0.5684	0.0141	0.0747	0.0007	398	56	457	9	465	4
12	155	179	2500	0.07	0.0553	0.0014	0.5784	0.0151	0.0751	0.0009	433	59	463	10	467	5
13	548	2542	1087	2.34	0.0535	0.0015	0.5568	0.0163	0.0747	0.0009	350	65	449	11	465	6
14	351	1589	840	1.89	0.0526	0.0013	0.5500	0.0138	0.0752	0.0008	322	57	445	9	467	5
15	720	3327	1631	2.04	0.0512	0.0013	0.5317	0.0125	0.0748	0.0008	250	57	433	8	465	5
16	594	2774	1110	2.50	0.0527	0.0013	0.5438	0.0141	0.0743	0.0007	322	59	441	9	462	4
17	482	2229	963	2.32	0.0520	0.0013	0.5373	0.0133	0.0745	0.0008	283	56	437	9	463	5
18	221	989	606	1.63	0.0523	0.0015	0.5442	0.0162	0.0749	0.0008	298	67	441	11	465	5
19	555	2499	1287	1.94	0.0505	0.0013	0.5256	0.0149	0.0748	0.0008	217	61	429	10	465	5
20	805	3758	1285	2.92	0.0506	0.0012	0.5229	0.0125	0.0744	0.0008	233	56	427	8	462	5
21	498	1728	1058	1.63	0.0572	0.0013	0.5917	0.0135	0.0745	0.0008	502	50	472	9	463	5
22	365	1262	727	1.74	0.0575	0.0013	0.5960	0.0134	0.0748	0.0008	509	53	475	9	465	5
23	825	2810	1983	1.42	0.0562	0.0010	0.5821	0.0114	0.0747	0.0007	461	39	466	7	464	4
24	427	1488	749	1.99	0.0567	0.0011	0.5890	0.0123	0.0749	0.0007	480	43	470	8	466	4
25	161	538	397	1.35	0.0562	0.0015	0.5767	0.0158	0.0742	0.0007	461	27	462	10	461	4
26	501	1720	990	1.74	0.0556	0.0012	0.5733	0.0131	0.0745	0.0008	439	50	460	8	463	5
27	259	695	1339	0.52	0.0554	0.0012	0.5763	0.0138	0.0751	0.0008	428	50	462	9	467	5
28	119	193	1127	0.17	0.0575	0.0012	0.5943	0.0124	0.0748	0.0007	509	46	474	8	465	4
29	354	1214	723	1.68	0.0560	0.0012	0.5826	0.0141	0.0751	0.0008	450	16	466	9	467	5
30	983	3336	2006	1.66	0.0554	0.0009	0.5717	0.0105	0.0745	0.0008	428	37	459	7	463	5

表 4.2 锆石稀土元素 （单位：10^{-6}）

	Y	La	Ce	Pr	Nd	Sm	Eu	Gd	Tb	Dy	Ho	Er	Tm	Yb	Lu	ΣREE	δEu	δCe
								SZ2										
1	368	0.00	14.57	0.02	0.48	1.27	0.99	9.04	3.06	32.9	10.7	47.5	9.8	104	18.5	253	0.65	296.0
2	852	0.14	23.02	0.60	3.24	5.79	3.17	29.51	8.14	84.7	25.4	103.6	20.0	200	35.7	543	0.60	10.9
3	819	0.01	30.95	0.14	2.98	5.09	3.62	28.62	7.56	80.2	24.9	101.0	19.9	193	35.7	534	0.72	66.2
4	721	0.01	20.51	0.09	1.68	3.81	2.33	21.44	6.13	67.7	22.2	92.5	17.9	182	32.2	471	0.62	67.5
5	152	0.00	7.32	0.01	0.12	0.48	0.45	3.68	1.14	13.8	4.3	20.2	4.0	44	8.1	107	0.74	283.2
6	280	0.00	12.52	0.01	0.43	1.38	0.76	8.52	2.30	24.8	8.4	34.6	7.3	76	14.4	191	0.52	285.4
7	252	0.01	9.63	0.01	0.22	1.26	0.66	5.28	1.93	22.5	7.3	32.0	6.7	70	12.6	170	0.67	201.3
8	678	0.01	15.03	0.05	0.94	2.40	2.09	14.20	4.66	51.8	18.4	84.6	19.0	216	45.6	474	0.85	82.8
9	500	0.02	23.54	0.05	0.91	2.87	1.64	14.62	4.54	45.4	15.1	62.7	12.9	129	24.4	338	0.63	115.1
10	115	0.00	6.69	0.01	0.08	0.41	0.37	2.58	0.93	9.7	3.3	14.9	3.1	32	6.2	80	0.84	231.9
11	323	0.06	10.67	0.03	0.81	1.41	0.96	10.17	2.77	30.6	10.1	40.9	8.6	80	14.6	212	0.56	56.9
12	502	0.02	16.90	0.03	0.64	2.09	1.42	11.45	3.72	44.6	15.1	64.7	13.2	139	24.5	338	0.71	147.0
13	725	0.01	23.43	0.04	0.94	2.28	2.13	17.87	5.56	62.5	21.4	95.3	19.7	217	42.1	510	0.72	164.4
14	242	0.00	11.27	0.00	0.35	1.21	0.58	6.48	1.96	21.9	7.3	32.9	6.6	69	13.2	173	0.51	771.4
15	372	0.00	20.30	0.07	0.77	2.58	1.31	12.05	3.26	35.6	11.2	47.3	10.0	101	19.4	265	0.60	94.9
16	475	0.00	27.75	0.09	1.22	2.66	1.80	14.53	4.22	46.3	14.0	59.7	12.4	124	23.1	331	0.71	94.5
17	589	0.04	21.07	0.13	2.10	3.64	2.15	20.17	5.71	57.5	17.8	76.1	14.6	149	26.8	396	0.61	44.4
18	89	0.07	6.66	0.00	0.34	0.43	0.30	1.88	0.74	7.1	2.6	10.9	2.5	25	4.8	64	0.88	76.6
19	416	0.01	11.91	0.07	1.01	2.44	1.50	11.99	3.47	39.9	12.3	52.2	10.7	108	19.0	274	0.70	48.5
20	79	0.01	6.46	0.01	0.13	0.28	0.23	1.75	0.55	6.7	2.3	10.0	2.1	24	4.3	59	0.76	146.8
21	466	0.01	22.62	0.03	0.79	2.35	1.47	13.21	4.09	43.6	14.1	59.1	11.8	125	24.2	323	0.64	243.2
22	224	0.04	8.59	0.01	0.26	0.53	0.50	5.37	1.58	19.2	6.8	28.7	6.2	62	11.2	151	0.58	112.6
23	822	0.04	24.26	0.18	3.46	6.60	3.64	28.02	8.50	85.1	25.2	97.8	18.4	187	32.7	521	0.70	37.9
24	470	0.01	32.10	0.07	1.42	3.29	2.02	16.10	4.54	45.8	14.4	57.6	11.5	114	20.3	323	0.70	129.9
25	468	0.00	18.42	0.04	0.60	1.95	1.36	12.14	3.61	42.7	14.4	61.0	12.9	130	24.0	323	0.65	130.1

续表

	Y	La	Ce	Pr	Nd	Sm	Eu	Gd	Tb	Dy	Ho	Er	Tm	Yb	Lu	ΣREE	δEu	δCe
								SZ3										
1	840	0.01	13.18	0.09	1.75	3.20	2.31	19.59	5.12	70.9	19.1	92.4	15.6	195	26.6	465	0.68	42.4
2	799	0.01	12.68	0.06	0.76	2.31	1.62	15.01	4.84	62.9	18.1	88.3	15.3	194	27.7	443	0.64	60.2
3	653	0.01	12.67	0.03	0.99	2.32	1.46	12.39	3.49	50.5	14.6	72.2	12.7	159	23.0	365	0.67	121.0
4	679	0.00	14.84	0.03	0.77	2.09	1.23	12.96	3.60	51.0	14.9	76.4	12.9	166	24.7	381	0.55	140.7
5	366	0.01	7.40	0.03	0.51	1.28	0.90	7.88	2.30	30.4	8.3	39.3	6.7	83	12.1	200	0.66	78.7
6	608	0.00	12.28	0.05	0.83	2.14	1.62	12.34	3.62	49.2	13.6	67.7	11.9	151	23.0	349	0.75	72.3
7	981	0.05	10.95	0.19	3.33	6.91	4.04	30.85	7.67	91.4	23.4	101.3	15.6	177	23.7	497	0.71	16.7
8	1489	0.06	15.92	0.20	2.46	6.97	4.70	41.29	10.11	131.4	34.5	158.1	24.9	297	40.5	768	0.66	21.9
9	2673	0.00	5.01	0.01	0.42	2.31	1.48	27.44	10.50	182.4	61.3	329.7	57.6	724	109.4	1511	0.34	285.1
10	1051	0.00	31.70	0.09	2.18	4.79	3.14	25.38	7.21	94.8	24.4	110.5	17.9	209	28.2	559	0.70	105.6
11	699	0.01	19.23	0.04	1.05	2.17	1.81	14.90	4.31	57.9	15.9	76.3	12.9	153	21.7	381	0.72	134.0
12	404	0.01	7.35	0.01	0.40	0.92	0.72	6.30	2.11	30.2	9.1	45.8	8.1	105	16.2	232	0.68	184.1
13	3417	0.00	5.22	0.08	1.72	8.43	4.83	67.18	20.73	290.7	82.7	396.5	65.6	860	136.0	1939	0.44	21.5
14	873	0.01	8.98	0.13	2.17	4.30	2.65	22.66	6.12	78.5	20.4	91.8	14.7	175	23.8	451	0.66	21.0
15	466	0.01	7.97	0.05	0.46	1.40	1.00	8.93	2.55	35.2	10.5	50.8	8.7	111	15.6	254	0.66	46.6
16	1001	2.87	22.32	0.99	4.07	2.80	1.81	17.00	4.90	74.4	21.9	111.7	19.8	260	39.4	584	0.62	3.2
17	662	0.03	6.83	0.04	0.92	2.32	1.68	12.97	3.87	52.5	14.8	71.1	12.3	159	23.2	361	0.74	38.1
18	789	0.02	9.48	0.09	2.00	3.96	2.46	19.70	5.61	68.8	18.0	84.8	13.7	167	22.7	418	0.70	29.8
19	968	0.02	9.82	0.08	1.52	3.78	2.50	21.22	6.28	82.7	21.9	105.8	17.0	209	29.4	511	0.67	34.7
20	786	0.01	6.48	0.08	1.61	3.06	2.18	17.91	5.16	66.5	17.9	84.9	13.8	167	23.9	411	0.70	23.1
21	651	0.01	16.60	0.04	0.87	2.36	1.51	13.76	3.85	51.4	14.8	71.2	11.5	146	20.5	355	0.63	104.8
22	1081	0.02	26.11	0.17	2.91	5.89	3.55	30.92	7.88	98.1	24.8	112.4	17.2	197	26.1	553	0.65	46.4
23	704	0.00	7.49	0.05	0.85	3.09	1.78	16.81	4.70	59.9	16.0	76.6	12.7	158	22.7	381	0.60	47.2
24	816	0.01	9.43	0.08	2.09	3.75	2.26	19.67	5.44	68.5	18.5	85.6	13.8	167	22.7	418	0.65	33.5
25	822	0.01	7.94	0.07	1.45	3.21	2.16	18.69	5.18	69.5	18.3	88.0	14.6	181	26.0	436	0.67	32.8

续表

	Y	La	Ce	Pr	Nd	Sm	Eu	Gd	Tb	Dy	Ho	Er	Tm	Yb	Lu	ΣREE	δEu	δCe
								SZ5										
1	2377	1.58	76.1	0.69	6.65	9.93	6.68	55.1	15.0	201	54.7	260	42.04	492	64.9	1287	0.69	17.9
2	2561	0.06	106.7	0.51	9.15	15.16	8.46	66.9	17.4	224	58.5	269	43.68	496	64.1	1379	0.69	62.1
3	3825	0.12	100.9	1.21	18.14	25.81	14.68	109.2	27.3	348	88.6	411	65.69	746	96.4	2053	0.72	24.9
4	3344	0.18	77.3	1.08	15.75	21.00	11.71	91.4	22.4	293	78.2	368	59.55	709	93.6	1843	0.69	20.9
5	865	0.02	31.6	0.12	1.79	3.27	2.16	18.6	5.1	67	18.8	92	15.56	188	25.3	469	0.67	80.0
6	1777	0.00	37.7	0.16	2.54	6.83	4.10	36.2	10.2	141	38.6	194	32.55	397	52.2	953	0.64	73.0
7	2082	0.04	21.2	0.15	4.52	9.82	5.93	45.9	12.8	169	46.0	222	37.07	453	59.5	1087	0.71	40.5
8	1156	0.04	47.5	0.19	2.58	5.36	3.13	27.7	7.2	95	25.5	125	20.29	245	33.1	638	0.64	71.7
9	2101	0.02	74.8	0.34	5.80	10.14	5.78	47.8	13.3	181	46.8	225	35.58	437	57.7	1141	0.67	65.8
10	3951	0.10	101.2	1.12	17.32	26.02	14.36	111.4	28.2	359	93.4	430	69.82	806	104.2	2163	0.70	27.1
11	1391	0.07	6.5	0.06	0.99	2.21	1.56	18.5	6.0	92	29.8	163	30.44	392	56.8	801	0.52	22.8
12	2704	0.08	25.7	0.17	2.57	8.34	5.37	50.8	15.3	212	60.1	299	50.06	601	80.0	1409	0.61	38.8
13	3311	0.06	134.0	0.73	11.83	19.31	10.66	82.7	22.2	286	78.1	370	60.67	727	94.9	1898	0.70	55.1
14	2289	0.09	85.9	0.45	6.93	11.56	6.77	56.0	15.2	195	52.6	242	38.76	457	59.6	1228	0.67	55.1
15	3709	0.09	153.5	0.75	13.10	22.55	12.81	100.8	26.8	340	88.0	392	62.72	717	93.3	2024	0.69	60.7
16	5076	0.07	125.1	1.22	22.07	32.11	17.99	140.2	35.3	452	121.3	577	96.52	1149	153.1	2922	0.70	31.0
17	4056	0.04	102.8	1.07	17.48	26.56	13.55	114.0	29.0	362	95.7	442	72.19	844	110.1	2230	0.64	29.3
18	1650	0.03	56.1	0.22	3.85	7.55	4.25	36.7	10.3	137	37.3	183	29.59	357	47.5	910	0.64	75.9
19	2739	0.04	108.6	0.45	9.14	14.47	8.59	72.3	18.7	242	63.6	297	47.76	559	73.5	1515	0.66	73.4
20	2577	0.04	126.1	0.61	9.38	16.73	8.79	68.9	17.7	222	60.1	286	46.91	543	71.7	1478	0.68	63.0
21	1855	0.07	119.8	0.59	9.58	16.97	9.40	70.5	20.2	192	58.7	224	39.97	359	58.6	1180	0.71	59.9
22	2119	0.09	67.1	0.42	10.27	20.75	11.82	85.1	22.5	221	67.0	258	48.22	429	71.2	1313	0.74	45.6
23	2404	0.05	111.1	0.67	10.94	19.66	12.71	93.1	26.7	258	77.2	287	51.15	440	69.4	1457	0.75	50.5
24	1222	0.05	81.4	0.46	6.29	10.05	6.12	44.9	11.8	120	38.1	156	30.34	277	47.4	829	0.74	52.8
25	1000	0.01	47.9	0.20	3.69	6.15	3.98	29.6	9.0	94	31.0	130	26.09	245	42.7	669	0.74	71.2
26	1905	0.06	121.9	0.60	10.31	17.48	10.54	75.4	20.8	199	59.9	225	40.42	347	57.2	1187	0.76	60.3
27	1294	0.03	35.7	0.23	3.08	7.06	4.99	38.8	11.7	121	39.5	158	29.68	267	45.1	763	0.73	46.1
28	1087	0.01	20.8	0.05	1.68	4.51	3.17	26.5	8.9	98	32.6	137	26.73	251	43.0	654	0.69	124.0
29	1875	0.08	72.0	0.76	12.67	20.31	10.94	77.8	20.7	200	58.8	226	41.46	366	61.9	1169	0.74	28.1
30	2507	0.15	149.6	0.87	13.90	23.39	14.05	108.0	29.2	274	80.6	298	53.74	454	72.3	1572	0.71	50.1

SZ2-1 共分析了 25 个锆石点，数据一致性均大于 95%，$^{206}Pb/^{238}U$ 年龄范围为 470～459 Ma，$^{206}Pb/^{238}U$-$^{207}Pb/^{235}U$ 加权平均年龄为 467±2 Ma（MSWD=0.4，n=25；图 4.2a，表 4.1）。SZ3-1 共分析了 25 个锆石点，数据一致性均大于 90%，$^{206}Pb/^{238}U$ 年龄范围为 452～456 Ma，206Pb/238U-207Pb/235U 加权平均年龄为 454±2 Ma（MSWD=0.04，n=25；图 4.2b，表 4.1）。SZ5-1 共分析了 30 个锆石点，数据一致性均大于 90%，$^{206}Pb/^{238}U$ 年龄范围为 461～467 Ma，$^{206}Pb/^{238}U$-$^{207}Pb/^{235}U$ 加权平均年龄为 465±2 Ma（MSWD=0.04，n=30；图 4.2c，表 4.1）。

4.2 锆石 Lu-Hf 同位素

原位微区锆石 Hf 同位素比值测试在武汉上谱分析科技有限责任公司利用激光剥蚀多接收杯等离子体质谱(LA-MC-ICP-MS)完成。激光剥蚀系统为 Geolas HD（Coherent，德国），MC-ICP-MS 为 Neptune Plus（Thermo Fisher Scientific，德国）。分析过程同时配备了信号平滑装置以提高信号稳定性和同位素比值测试精密度（Hu et al.，2015）。采用单点剥蚀模式，斑束固定为 44 μm。详细仪器操作条件和分析方法可参照 Hu Z 等（2012）。

通过锆石 U-Pb 测试，分别从 SZ2-1、SZ3-1 和 SZ5-1 中选取锆石进行 Lu-Hf 同位素测试，所有 Lu-Hf 同位素结果均为 $\varepsilon_{Hf}(t)$ 正异常（图 4.3）。SZ2-1 的 Lu/Hf

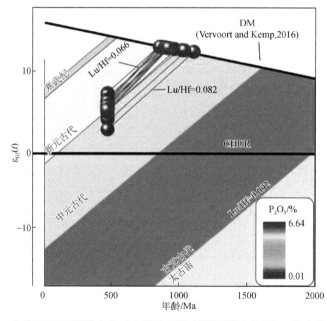

图 4.3 上庄 P-REE 矿床中含矿和不含矿单斜辉石岩中锆石 $\varepsilon_{Hf}(t)$ 与年龄图解

比值、$\varepsilon_{Hf}(t)$ 和 Hf 模式年龄（T_{DM}）均大于 SZ3-1。SZ2-1 的 $^{176}Hf/^{177}Hf$、$^{176}Lu/^{177}Hf$ 和 $\varepsilon_{Hf}(t)$ 的值分别为 0.282588～0.282713、0.000123～0.000625 和（+3.4～+7.7），T_{DM} 为 853～1103 Ma。SZ3-1 的 $^{176}Hf/^{177}Hf$、$^{176}Lu/^{177}Hf$、$\varepsilon_{Hf}(t)$ 的值分别为 0.282651～0.282684、0.000176～0.000468、+5.3～+6.5，T_{DM} 为 787～838 Ma。SZ5-1 的 $^{176}Hf/^{177}Hf$、$^{176}Lu/^{177}Hf$、$\varepsilon_{Hf}(t)$ 的值分别为 0.282598～0.282673、0.000886～0.002546、+3.3～+5.6，T_{DM} 为 855～939 Ma。

对不含矿单斜辉石岩和含矿单斜辉石岩进行了 Hf 同位素测试。不含矿单斜辉石岩的 $\varepsilon_{Hf}(t)$ 值为 +3.4～+7.7，Hf 的模式年龄 853～1103 Ma，含矿的单斜辉石岩中的 $\varepsilon_{Hf}(t)$ 值为 +5.5～+6.7，Hf 的模式年龄为 855～918 Ma，不含矿单斜辉石岩的 Lu/Hf 比值较高，$\varepsilon_{Hf}(t)$ 范围较宽，Hf 模型年龄大于含矿单斜辉石岩。

4.3　榍石形态、U-Pb 年龄

与应用较为广泛的锆石 U-Pb 年龄相比，榍石 U-Pb 年龄的优势主要有两点：①榍石的封闭温度较锆石低。假设半径为 300 μm，冷却速度为 2℃/h 时，封闭温度为 650～800℃（Scott and St-Onge，1995），可以记录岩浆快速冷却的时间及变质岩的多期变质事件（李秋立等，2016）。此外锆石的封闭温度通常高于 800℃，两种矿物的定年结果结合，可以指示岩浆的热演化历史（Symington et al.，2014）。②有些岩石中不发育锆石而无法开展有效的锆石 U-Pb 定年，但可利用其发育的榍石进行 U-Pb 测年，如碱性岩（Ji et al.，2016）和角闪石岩（Zhang et al.，2016）。

三个岩石样品（SZ2-1、SZ3-1 和 SZ5-1）的榍石均呈半自形-他形，50～150 μm，不规则粒状，部分呈菱形，棕黄色。榍石颗粒在阴极发光（CL）图像呈灰白色-浅黑色，部分发育裂隙或被交代（图 4.4d）。在排除高普通 Pb 锆石点位后，进行年龄计算。对 SZ2-1 中榍石的 15 个点分析表明，Tera-Wasserburg 谐和图中的下截点年龄为 468.8±7 Ma（MSWD=2.5）（图 4.4，表 4.3）。对 SZ3-1 中榍石的 22 个点分析表明，Tera-Wasserburg 谐和图中的下截点年龄为 464.6±7 Ma（MSWD=2）（图 4.4d，表 4.3）。对 SZ3-1 中榍石的 30 个点分析表明，Tera-Wasserburg 谐和图中的下截点年龄为 466.6±4 Ma（MSWD=1.7）（图 4.4c，表 4.3）。

选取 3 个样品（SZ2-1、SZ3-1 和 SZ5-1）挑选榍石，进行 Nd 同位素分析，根据榍石 U-Pb 定年结果（SZ2：468.8 Ma、SZ3：464.6 Ma 和 SZ5：466.6 Ma），计算了 $(^{143}Nd/^{144}Nd)_i$、$\varepsilon_{Nd}(t)$、$T_{DM}(Nd)$ 和 $T_{2DM}(Nd)$。据此，SZ2-1、SZ3-1 和 SZ5-1 的显示变化的 $(^{143}Nd/^{144}Nd)_i$ 分别为 0.511967～0.512087（平均值=0.512031）、0.511980～0.512040（平均值=0.512007）和 0.511896～0.511986（平均值=0.511945），$\varepsilon_{Nd}(t)$ 值分别为 -1.2～+1.2、-1.0～-0.1 和 -2.6～-0.9，T_{2DM}（Nd）

为 1254～1631 Ma、1489～2870 Ma 和 1246～1639 Ma。

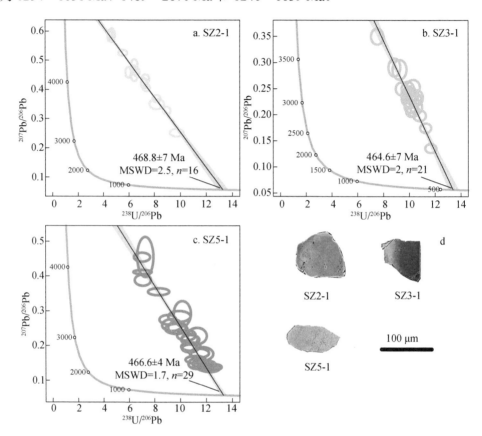

图 4.4　SZ2、SZ3 和 SZ5 LA-ICP-MS 榍石 U-Pb 年龄谐和图和榍石阴极发光图像

表 4.3　上庄超镁铁质侵入体榍石 U-Pb 定年同位素分析结果

	含量/10⁻⁶			Th/U	比值						年龄/Ma					
	Pb	Th	U		$^{207}Pb/$ ^{206}Pb	1σ	$^{207}Pb/$ ^{235}U	1σ	$^{206}Pb/$ ^{238}U	1σ	$^{207}Pb/$ ^{206}Pb	1σ	$^{207}Pb/$ ^{235}U	1σ	$^{206}Pb/$ ^{238}U	1σ
SZ2-1																
1	55.0	119	173	0.7	0.4137	0.0098	8.0092	0.1790	0.1385	0.0020	3960	35	2232	20.2	836	11.4
2	41.3	66.2	106	0.6	0.4693	0.0112	10.2424	0.2083	0.1572	0.0023	4147	35	2457	18.9	941	12.9
3	9.86	34.2	19.3	1.8	0.5745	0.0264	13.3453	0.3761	0.1829	0.0049	4445	67	2704	26.7	1083	26.9
4	29.4	77.4	77.7	1.0	0.4484	0.0122	9.7035	0.2310	0.1561	0.0026	4080	41	2407	22.0	935	14.8
5	47.8	102	147	0.7	0.4190	0.0101	8.2195	0.1616	0.1401	0.0019	3979	36	2255	17.9	845	10.7
6	32.9	61.1	79.6	0.8	0.4611	0.0132	10.7416	0.2490	0.1669	0.0026	4122	42	2501	21.6	995	14.6

续表

	含量/10^{-6}			Th/U	比值						年龄/Ma					
	Pb	Th	U		$^{207}Pb/$ ^{206}Pb	1σ	$^{207}Pb/$ ^{235}U	1σ	$^{206}Pb/$ ^{238}U	1σ	$^{207}Pb/$ ^{206}Pb	1σ	$^{207}Pb/$ ^{235}U	1σ	$^{206}Pb/$ ^{238}U	1σ
7	34.2	129	149	0.9	0.3267	0.0086	5.1129	0.1150	0.1115	0.0016	3602	40	1838	19.1	681	9.0
8	30.4	70.1	80.8	0.9	0.4625	0.0125	9.7147	0.2041	0.1517	0.0025	4126	39	2408	19.4	911	13.8
9	33.3	125	104	1.2	0.4330	0.0111	8.1429	0.1783	0.1350	0.0023	4028	38	2247	19.9	816	13.1
10	27.4	91.5	98.8	0.9	0.3902	0.0105	3.5820	0.1127	0.1031	0.0024	3872	46	2063	20.5	772	38.5
11	24.9	59.1	42.4	1.4	0.5945	0.0188	17.0770	0.4639	0.2091	0.0044	4495	46	2939	26.1	1224	23.5
12	37.7	70.6	98.0	0.7	0.4775	0.0126	10.2868	0.2339	0.1540	0.0025	4173	39	2461	21.1	923	13.9
13	21.9	39.0	34.6	1.1	0.5990	0.0185	18.0901	0.4181	0.2210	0.0041	4506	45	2995	22.3	1287	21.7
14	33.2	107	124	0.9	0.3679	0.0095	6.2541	0.1294	0.1223	0.0018	3783	39	2012	18.2	744	10.6
15	29.7	93.9	95.3	1.0	0.4044	0.0103	7.5784	0.1521	0.1353	0.0021	3926	39	2182	18.1	818	12.1
							SZ3-1									
1	20.0	427	65.8	6.5	0.2173	0.0075	2.9605	0.0880	0.0994	0.0018	2961	56	1398	22.6	611	10.4
2	32.3	777	102	7.6	0.2051	0.0057	2.8078	0.0687	0.0988	0.0015	2868	45	1358	18.3	607	8.6
3	18.1	391	56.7	6.9	0.2432	0.0086	3.3496	0.0957	0.1021	0.0018	3143	56	1493	22.4	627	10.5
4	21.8	485	64.6	7.5	0.2535	0.0081	3.6795	0.1017	0.1068	0.0020	3207	45	1567	22.1	654	11.8
5	10.05	64.6	43.3	1.5	0.2990	0.0114	4.5436	0.1449	0.1133	0.0024	3465	59	1739	26.6	692	13.7
6	41.0	1080	154	7.0	0.1360	0.0044	1.6100	0.0478	0.0859	0.0013	2176	57	974	18.6	531	7.7
7	15.6	192	79.0	2.4	0.2351	0.0076	3.0527	0.0830	0.0961	0.0019	3087	52	1421	20.8	591	10.9
8	24.9	668	64.0	10.4	0.2462	0.0099	3.2870	0.1036	0.0994	0.0018	3161	64	1478	24.6	611	10.5
9	19.6	336	83.7	4.0	0.2162	0.0075	2.8200	0.0887	0.0951	0.0017	2953	57	1361	23.6	586	10.0
10	22.8	554	68.4	8.1	0.2357	0.0083	3.2036	0.0999	0.0988	0.0018	3091	55	1458	24.1	608	10.4
11	20.4	482	61.8	7.8	0.2381	0.0103	3.1821	0.1112	0.1004	0.0023	3109	69	1453	27.0	617	13.6
12	26.8	688	78.4	8.8	0.2340	0.0085	3.0347	0.0935	0.0944	0.0016	3080	58	1416	23.5	581	9.6
13	10.55	52.7	55.3	1.0	0.2564	0.0102	3.4876	0.1078	0.1014	0.0020	3225	63	1524	24.4	622	12.0
14	21.8	479	71.1	6.7	0.2397	0.0079	3.2054	0.0912	0.0981	0.0019	3118	52	1458	22.0	603	11.1
15	19.4	434	61.5	7.1	0.2567	0.0096	3.3998	0.1020	0.0973	0.0020	3227	59	1504	23.6	599	11.5
16	22.7	390	105	3.7	0.1999	0.0064	2.5351	0.0710	0.0927	0.0017	2825	52	1282	20.4	572	9.9
17	14.97	47.5	88.9	0.5	0.2296	0.0081	3.1086	0.0918	0.0996	0.0018	3050	56	1435	22.7	612	10.5
18	16.32	50.7	125	0.4	0.1753	0.0055	2.1399	0.0564	0.0889	0.0014	2608	53	1162	18.3	549	8.1
19	16.4	140	91.4	1.5	0.2103	0.0068	2.7827	0.0773	0.0973	0.0018	2909	53	1351	20.8	598	10.5
20	10.26	56.6	33.6	1.7	0.3717	0.0159	6.4347	0.2057	0.1334	0.0035	3798	65	2037	28.1	807	20.1
21	6.88	30.0	22.4	1.3	0.4331	0.0217	7.1396	0.2755	0.1302	0.0039	4028	75	2129	34.4	789	22.1
22	9.67	72.0	42.9	1.7	0.3031	0.0142	4.2824	0.1529	0.1084	0.0026	3486	73	1690	29.4	663	14.9

	含量/10^{-6}			Th/U	比值						年龄/Ma					
	Pb	Th	U		$^{207}Pb/$ ^{206}Pb	1σ	$^{207}Pb/$ ^{235}U	1σ	$^{206}Pb/$ ^{238}U	1σ	$^{207}Pb/$ ^{206}Pb	1σ	$^{207}Pb/$ ^{235}U	1σ	$^{206}Pb/$ ^{238}U	1σ
					SZ5-1											
1	39.6	448.6	50.0	9.0	0.2273	0.0104	2.8152	0.1052	0.0936	0.0022	3033	73	1360	28	577	13
2	39.0	453.0	49.7	9.1	0.2263	0.0110	2.7830	0.1388	0.0887	0.0024	3028	78	1351	37	548	14
3	68.1	867.6	102.9	8.4	0.1386	0.0051	1.5473	0.0497	0.0813	0.0015	2210	63	949	20	504	9
4	46.6	547.0	62.0	8.8	0.1964	0.0081	2.4695	0.0828	0.0934	0.0022	2798	68	1263	24	575	13
5	34.9	403.7	53.8	7.5	0.1834	0.0083	2.1457	0.0853	0.0874	0.0023	2684	75	1164	28	540	14
6	30.4	217.5	29.0	7.5	0.4286	0.0216	8.6267	0.5459	0.1375	0.0050	4013	75	2299	58	831	28
7	50.4	633.3	73.8	8.6	0.1476	0.0074	1.8163	0.0869	0.0891	0.0021	2318	85	1051	31	550	12
8	12.5	100.8	12.2	8.2	0.4660	0.0387	7.5663	0.3084	0.1414	0.0053	4139	123	2181	37	853	30
9	15.4	114.5	13.5	8.5	0.4935	0.0324	8.0421	0.3446	0.1418	0.0060	4222	97	2236	39	855	34
10	43.5	573.7	64.1	8.9	0.1432	0.0064	1.6894	0.0648	0.0861	0.0019	2266	78	1005	24	533	12
11	40.1	521.6	58.3	8.9	0.1522	0.0079	1.6627	0.0681	0.0833	0.0020	2372	88	994	26	515	13
12	25.2	293.5	42.5	6.9	0.1738	0.0098	1.9696	0.0784	0.0897	0.0026	2595	94	1105	27	554	15
13	43.8	581.9	65.5	8.9	0.1420	0.0074	1.5186	0.0645	0.0816	0.0021	2252	90	938	26	505	13
14	31.3	317.1	34.2	9.3	0.2937	0.0137	4.1996	0.1483	0.1109	0.0032	3439	73	1674	29	678	19
15	11.9	70.4	12.5	5.6	0.5529	0.0440	8.9258	0.3514	0.1426	0.0054	4391	116	2330	36	859	30
16	39.4	510.8	57.5	8.9	0.1512	0.0095	1.5453	0.0630	0.0812	0.0023	2359	107	949	25	503	14
17	52.9	670.0	77.7	8.6	0.1500	0.0067	1.7232	0.0622	0.0858	0.0020	2346	44	1017	23	530	12
18	13.3	108.3	16.8	6.4	0.4273	0.0297	5.8943	0.2504	0.1205	0.0049	4008	104	1960	37	733	28
19	22.6	220.7	29.7	7.4	0.2807	0.0197	3.5690	0.1442	0.1029	0.0029	3369	110	1543	32	631	17
20	34.5	385.2	47.8	8.1	0.2246	0.0098	2.7805	0.1031	0.0931	0.0025	3014	71	1350	28	574	15
21	21.6	223.3	29.1	7.7	0.2798	0.0171	3.5325	0.1517	0.1034	0.0037	3362	96	1535	34	634	22
22	32.8	389.2	43.3	9.0	0.2090	0.0103	2.5160	0.0954	0.0927	0.0026	2898	80	1277	28	571	16
23	41.5	523.4	56.6	9.3	0.1822	0.0106	2.0809	0.1129	0.0858	0.0026	2673	96	1143	37	530	15
24	19.8	190.3	26.0	7.3	0.2992	0.0196	3.8202	0.1640	0.1071	0.0036	3466	102	1597	35	656	21
25	40.3	442.3	56.7	7.8	0.2392	0.0110	3.0313	0.1178	0.0958	0.0027	3115	74	1416	30	590	16
26	19.6	201.9	24.8	8.2	0.3130	0.0166	3.9544	0.1661	0.1011	0.0036	3536	83	1625	34	621	21
27	44.9	576.6	73.1	7.9	0.1507	0.0069	1.7473	0.0741	0.0858	0.0022	2354	79	1026	27	531	13
28	64.0	821.7	98.4	8.4	0.1419	0.0064	1.5979	0.0600	0.0842	0.0018	2250	79	969	23	521	11
29	42.2	450.0	52.8	8.5	0.2891	0.0157	3.9700	0.2294	0.0987	0.0026	3413	85	1628	47	607	15
30	13.0	76.6	13.5	5.7	0.5396	0.0442	8.8648	0.3535	0.1500	0.0061	4353	120	2324	36	901	34

4.4　褐帘石形态、U-Pb 年龄

本书选取了 SZ3 样品挑选褐帘石并开展 U-Pb 定年。所有褐帘石呈棕褐色，与磷灰石、榍石和单斜辉石共生，单偏光和正交偏光下环带并不清晰（图 4.5a）。5 个褐帘石颗粒获得 50 个 U-Pb 数据，其中 Th（$2×10^{-6}$～$5082×10^{-6}$）和 U（$25×10^{-6}$～$397×10^{-6}$）含量差异较大。所有数据显示出 Pb 含量过高（$1035×10^{-6}$～$3937×10^{-6}$），偏离了 U-Pb 同位素年龄一致线。然而，除了误差较大的 6 个数据外，其他数据在 Tera-Wasserburg 同位素年龄图中沿一条线分布，并获得下交点年龄为 $464±16\ Ma$（图 4.5b，表 4.4）。

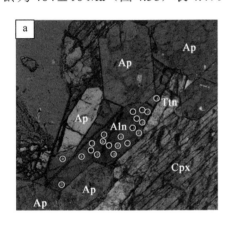 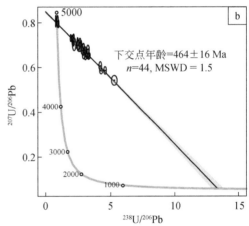

图 4.5　含矿辉石岩 SZ3 中褐帘石颗粒的定年分析位置（a）和褐帘石 LA-ICP-MS U-Pb Tera-Wasserburg 图解（b）

Ap. 磷灰石；Aln. 褐帘石；Cpx. 单斜辉石；Ttn. 榍石

表 4.4　青海上庄超镁铁质岩褐帘石 U-Pb 定年同位素分析结果

样品 SZ3	含量/10^{-6}			比值						rho	年龄/Ma			
	Pb	Th	U	$\frac{^{207}Pb}{^{206}Pb}$	1σ	$\frac{^{207}Pb}{^{235}U}$	1σ	$\frac{^{206}Pb}{^{238}U}$	1σ		$\frac{^{207}Pb}{^{235}U}$	1σ	$\frac{^{206}Pb}{^{238}U}$	1σ
点号														
1	2195	2540	177	0.6686	0.0076	31.0906	0.4126	0.3363	0.0030	0.6706	3522	13	1869	14
2	2139	2631	184	0.6641	0.0074	29.0017	0.3263	0.3162	0.0024	0.6608	3454	11	1771	12
3	2081	2550	157	0.6772	0.0073	33.0548	0.4101	0.3529	0.0028	0.6466	3582	12	1949	14
4	2056	2204	141	0.6969	0.0076	36.6381	0.4410	0.3805	0.0032	0.6970	3684	12	2079	15

样品	含量/10^{-6}			比值							rho	年龄/Ma			
SZ3	Pb	Th	U	$^{207}Pb/^{206}Pb$	1σ	$^{207}Pb/^{235}U$	1σ	$^{206}Pb/^{238}U$	1σ			$^{207}Pb/^{235}U$	1σ	$^{206}Pb/^{238}U$	1σ
6	2063	2408	152	0.6892	0.0080	34.2211	0.4575	0.3592	0.0032	0.6608	3616	13	1978	15
8	2019	2942	175	0.6518	0.0086	27.2572	0.3640	0.3027	0.0023	0.5750	3393	13	1705	12
9	2123	2845	182	0.6526	0.0093	26.7811	0.3687	0.2981	0.0031	0.7554	3375	14	1682	15
10	1917	2577	170	0.6548	0.0090	27.7800	0.3948	0.3072	0.0028	0.6332	3411	14	1727	14
11	1795	3895	126	0.6490	0.0093	29.0830	0.4128	0.3255	0.0036	0.7718	3456	14	1817	17
12	1715	3269	115	0.6673	0.0083	31.9057	0.4082	0.3467	0.0033	0.7472	3547	13	1919	16
14	2699	5082	124	0.6956	0.0088	44.0693	1.3559	0.4542	0.0117	0.8354	3867	31	2414	52
15	1691	3100	116	0.6757	0.0080	31.9883	0.3936	0.3430	0.0029	0.6792	3550	12	1901	14
16	1998	4886	138	0.6620	0.0115	28.5541	0.4580	0.3136	0.0031	0.6083	3438	16	1759	15
17	1768	3265	73	0.7321	0.0093	52.0691	0.7176	0.5161	0.0055	0.7762	4033	14	2683	24
20	1887	3657	107	0.6889	0.0093	36.9609	0.5177	0.3891	0.0036	0.6592	3692	14	2118	17
21	1740	3409	120	0.6753	0.0084	31.6939	0.4288	0.3405	0.0033	0.7059	3541	14	1889	16
22	1786	3411	122	0.6757	0.0083	31.8392	0.4156	0.3417	0.0028	0.6352	3545	13	1895	14
23	1990	3656	108	0.7007	0.0087	40.1131	0.6476	0.4158	0.0057	0.8434	3773	16	2241	26
27	2246	2673	163	0.6916	0.0084	34.6309	0.4557	0.3634	0.0030	0.6366	3628	13	1998	14
28	1892	2124	135	0.7041	0.0092	35.4846	0.5002	0.3661	0.0033	0.6461	3652	14	2011	16
29	3149	2637	207	0.7125	0.0095	39.7343	0.5848	0.4046	0.0032	0.5435	3764	15	2190	15
30	2047	3421	143	0.6856	0.0113	32.2085	0.5954	0.3416	0.0039	0.6165	3557	18	1895	19
31	1505	12	159	0.6642	0.0100	27.8911	0.4301	0.3053	0.0027	0.5733	3415	15	1718	13
32	1500	7	94	0.7243	0.0103	48.0619	0.7815	0.4818	0.0051	0.6483	3953	16	2535	22
35	1204	5	31	0.8052	0.0118	120.0983	3.4421	1.0805	0.0274	0.8841	4870	29	4723	85
36	1496	32	94	0.7313	0.0106	46.5071	0.6948	0.4620	0.0046	0.6656	3920	15	2449	20
37	1539	35	101	0.7180	0.0100	45.7916	0.6651	0.4631	0.0047	0.7030	3905	15	2453	21
38	1776	46	170	0.6556	0.0091	30.7489	0.5710	0.3401	0.0050	0.7893	3511	18	1887	24
39	1579	34	127	0.7057	0.0110	37.1847	0.5510	0.3832	0.0041	0.7233	3698	15	2091	19
41	1219	5	25	0.8161	0.0141	141.2747	2.9455	1.2615	0.0226	0.8598	5034	21	5260	65
42	1594	29	103	0.7148	0.0100	45.7635	0.6643	0.4638	0.0043	0.6363	3904	15	2456	19
43	1726	3	172	0.6654	0.0097	29.0714	0.3805	0.3173	0.0029	0.6882	3456	13	1777	14
44	1729	20	157	0.6756	0.0097	32.9383	0.5604	0.3537	0.0048	0.8016	3579	17	1952	23

续表

样品 SZ3	含量/10⁻⁶			比值						rho	年龄/Ma			
	Pb	Th	U	$^{207}Pb/^{206}Pb$	1σ	$^{207}Pb/^{235}U$	1σ	$^{206}Pb/^{238}U$	1σ		$^{207}Pb/^{235}U$	1σ	$^{206}Pb/^{238}U$	1σ
45	1678	4	142	0.6839	0.0089	36.3407	0.9289	0.3851	0.0093	0.9466	3676	25	2100	43
46	1676	3	264	0.5842	0.0079	18.9005	0.2851	0.2345	0.0027	0.7682	3037	15	1358	14
47	1837	20	382	0.5393	0.0077	14.1429	0.3417	0.1892	0.0033	0.7281	2759	23	1117	18
48	2169	29	358	0.5847	0.0082	17.6777	0.2666	0.2186	0.0020	0.6069	2972	15	1274	11
49	3937	90	311	0.6970	0.0095	38.2439	0.8043	0.3963	0.0068	0.8194	3726	21	2152	32
50	2736	38	397	0.6038	0.0088	19.9061	0.3345	0.2381	0.0025	0.6328	3087	16	1377	13
52	1035	2	28	0.7972	0.0121	109.7979	2.0489	1.0015	0.0165	0.8809	4780	19	4473	53
54	1750	43	37	0.7975	0.0112	139.6876	2.1773	1.2735	0.0174	0.8770	5023	16	5295	49
58	2632	39	216	0.7094	0.0092	36.8912	0.6078	0.3764	0.0044	0.7109	3691	16	2059	21
59	1651	156	172	0.6812	0.0100	28.7491	0.4972	0.3062	0.0039	0.7361	3445	17	1722	19
60	1844	20	173	0.6746	0.0096	30.4920	0.4387	0.3279	0.0028	0.6019	3503	14	1828	14

注：rho 为 $^{206}Pb/^{238}U$ 和 $^{207}Pb/^{206}Pb$ 之间的误差相关性。

4.5　成岩成矿时代讨论

虽然镁铁质-超镁铁质岩石中锆石含量相对较少，但是，越来越多的报道认为锆石可能存在于不同的镁铁质-超镁铁质岩石中（Tsujimori et al.，2005；Zheng et al.，2006；Tsikouraset al.，2021）。我们的含矿单斜辉石岩 Zr 含量高于不含矿样品，这与在含矿单斜辉石岩中分选出丰富锆石颗粒的结果一致。上庄矿床锆石 CL 图像显示，锆石多为振荡分带，与典型镁铁质岩中的锆石具有相似的特征（Corfu et al.，2003；Zheng et al.，2006）。高 Th/U 比值进一步指示其为岩浆成因（Hoskin and Schaltegger，2003）。不含矿单斜辉石岩锆石 U-Pb 测年和含矿单斜辉石岩锆石 U-Pb 测年的加权平均年龄分别为 467±2 Ma 和 465±2 Ma。这些样品来自超镁铁质斜辉石岩的不同部位，其年龄在误差范围内一致，可以用来代表超镁铁质岩石的侵位时间。

同时，对上庄磷稀土矿床三种不同岩石（SZ2、SZ3 和 SZ5）样品榍石开展的 U-Pb 高精度测年，所获定年结果为 468.8 Ma（SZ2）、464.6 Ma（SZ3）和 466.6 Ma（SZ5），与单斜辉石岩和含磷灰石单斜辉石岩锆石 U-Pb 测年的加权平均年龄 467±2 Ma、465±2 Ma 基本一致。岩石中的锆石和榍石矿物形态、微量元素及

Th/U 比值特征指示其为岩浆成因,岩石结构特征表明锆石和榍石在熔体中近乎同时结晶,因此,两者表现出了一致的 U-Pb 高精度测年数据结果。表明上庄磷稀土矿床镁铁质-超镁铁质岩成岩成矿于中奥陶世,突破了前人认为成岩成矿于晚奥陶世(442.5 Ma,K-Ar 法,杨生德等,2013a)和晚寒武世(492.6±4.1 Ma,锆石 U-Pb,Wang M X et al.,2017)的认识,这从成矿年代学角度证实了前述成矿发生于俯冲背景的岩浆弧环境,而并非为寒武纪仍处于裂解的洋脊扩张环境,从而为寻找具岩浆弧型岩石地球化学特征的镁铁质-超镁铁质岩相关 P-REE-Sc 矿产提供了依据。

此外,依据样品榍石定年结果计算得到其两阶段模式年龄 T_{2DM}(Nd)为 1254~1631 Ma(SZ2)、1489~2870 Ma(SZ3)和 1246~1639 Ma(SZ5),多数模式年龄 T_{2DM}(Nd)数据携带了中元古代的信息,此时期正是中元古界祁连地块古老结晶基底形成阶段,表明古老结晶基底卷入了早古生代的造山过程。

野外地质证据及全岩地球化学证据结果表明,尽管这些样品来自超镁铁质单斜辉石岩的不同部分,但它们的年龄难以区分(在分析的不确定性范围内),因此锆石年龄反映了超镁铁质岩的侵位时间。野外关系(SZ3 和 SZ5 含磷单斜辉石岩在 SZ2 单斜辉石岩之中)、矿物学证据(除磷灰石外,SZ2 单斜辉石岩与 SZ3 和 SZ5 含磷灰石单斜辉石岩样品中矿物组合相似,图 4.1)和全岩地球化学证据(U、REE 和 HFSE 浓度不同)表明 SZ2 单斜辉石岩形成于 SZ3 和 SZ5 单斜辉石岩之前。在 SZ2 单斜辉石岩中,岩浆锆石在结晶过程中与单斜辉石、黑云母互生。从 SZ2-1、SZ3-1 到 SZ5-1 的锆石稀土元素含量越来越高,这与全岩稀土分布特征一致,表明稀土元素集中在晚期残留液体中(图 4.2d),这也可能是 SZ5 成矿阶段锆石结晶的证据,此时残留岩浆中的 REE 浓度高于 SZ2 单斜辉石岩,进一步说明 P-Fe-REE 成矿阶段结晶的锆石相对于不含磷样品具有较高的稀土元素含量,且两者在微量元素 U 和 Y 方面也存在差异。因此,SZ3 和 SZ5 含磷灰石单斜辉石岩中锆石形成的年龄可以表征成矿年龄。同时,褐帘石测年结果显示,上庄磷稀土矿床的含矿辉石岩形成于 464±16 Ma(图 2.4b),与锆石 U-Pb 年龄一致,表明磷矿化和无矿辉石岩之间存在明确的时间关联。因此,469~464 Ma 的锆石、榍石和褐帘石年龄可以被认为是岩浆结晶和矿化的年龄。

在拉脊山地区,已经确定了许多同时期的岩浆岩,包括安山岩、流纹岩、花岗岩、角砾岩和凝灰岩,形成时代介于 474~450 Ma 之间。这些岩浆岩侵入寒武纪弧火山岩和蛇绿杂岩体(525~491 Ma;Fu et al.,2018;Yan et al.,2019a、2019b、2020)中。这些研究结果共同表明,在拉脊山地区,奥陶纪在双峰式岩浆活动中起关键作用。

拉脊山地区的构造演化显示原特提斯洋岩石圈在中祁连地块向北俯冲,这一过程导致了超级俯冲带型蛇绿岩形成（525～491 Ma；525～491 Ma；Fu et al.，2018；Yan et al.，2019a、2019b，2020）这一观点得到了多项研究的支持。491 Ma 和 525 Ma 的洋岛玄武岩（OIB）和洋中脊玄武岩（MORB）或岩墙被认为是蛇绿岩形成时期的指标（Fu et al.，2014；Zhang et al.，2017）。随后（490～440 Ma）洋壳岩石圈继续向北俯冲。这一持续过程导致增生楔的形成，以及中酸性弧岩浆岩，随后侵入到寒武纪弧火山岩和蛇绿杂岩体中（Fu et al.，2018；Yan et al.，2019a、2019b）。这些花岗岩通常被认为起源于弧-大陆碰撞之前的弧环境（Fu et al.，2018；Yan et al.，2019a、2019b）。值得注意的是，位于蛇绿杂岩体内的上庄超镁铁质岩体与中酸性弧岩浆岩具有相似的年代。这些年代上的对应强烈暗示了它们在相同的环境背景下形成。此外，Wang 等（2023）将上庄超镁铁质岩体归类为岩浆弧环境的产物，主要是因为存在具有较高 Th/Yb 比值的岩石。综上所述，合理地推断奥陶纪的上庄超镁铁质岩体是在与弧相关的挤压作用有关的聚合板块边界内形成的。这种地质环境促进了包括磷、稀土元素和铁金属在内的矿化作用的组合。

4.6　矿床成矿地质环境

本研究对象上庄磷稀土钪矿床是国内目前已知唯一产出于镁铁质-超镁铁质岩中的 REE 和 Sc 共生矿床，国内外尚无相似矿床可资对比和研究借鉴。该矿床含矿围岩岩性为（黑云母）单斜辉石岩、含磷灰石黑云单斜辉石岩和含硫化物磷灰石磁铁矿黑云母辉石岩。前述岩石学特征研究表明，（黑云母）单斜辉石岩和含磷灰石黑云单斜辉石岩样品可划分为亚碱性系列，含硫化物磷灰石磁铁矿黑云母辉石岩样品可划分为碱性系列，所有单斜辉石岩的样品具有高钾钙碱性和钾玄质系列的特征，SiO_2 含量较低，MgO 含量较高，$Mg^{\#}$ 值变化较大，表明它们应为超镁铁质地幔源的部分熔融形成，Wang M X 等（2017）发现岩体的 $^{206}Pb/^{204}Pb$ 和 $^{87}Sr/^{86}Sr$ 初始值落入 EM I 型富集地幔源范畴，并依据岩体的 Rb/Cs 值（16～29）、Nb/U 值（0.2～11.7），认为该岩体不同于洋中脊玄武岩和洋岛玄武岩，可能为陆下岩石圈地幔源区（SCLM）。本研究所得测试结果数据表明，岩石样品均表现出轻稀土富集和重稀土平坦的分布模式，高场强元素（如 Nb、Ta、Zr 和 Hf）亏损，大离子亲石元素（如 Rb、Ba）富集的地球化学特点，与典型岩浆弧岩石地球化学特征相似，结合前述锆石、榍石两种单矿物的锆石 U-Pb 年代学（测年数值为 465～469 Ma）研究，该矿床成岩成矿作用发生于中奥陶世，而该时期的拉脊山地区正处于特提斯洋闭合前的挤压俯冲阶段。因而，本研究从岩石地球化学特征和成岩成矿年代学角度认为，上庄磷稀土矿床形成于洋壳俯冲的弧环境。

上庄磷稀土矿床为赋存于镁铁质-超镁铁质岩中的岩浆型矿床，有益元素磷、稀土、钪的超常富集成矿受"源—运—储"条件的约束。首先对矿床地质特征的研究表明，该矿床紧邻拉脊山北缘深大断裂，从含矿岩体空间产状特征判断，断裂构造为岩浆运移提供了通道条件，表明矿体的就位与区域性断裂关系密切。其次对矿床矿石岩相地球化学、矿物组成和成矿元素赋存特征分析显示，源岩为富挥发分 F、Cl、高 REE 和 Sc 含量的交代岩石圈地幔岩，矿石中 REE 元素主要载体矿物为磷灰石和榍石，REE 含量与 P 含量明显呈正相关性；伴随岩浆分异过程中温压及熔体化学成分的改变，磷灰黑云单斜辉石岩的 Sc 含量＞黑云单斜辉石岩的 Sc 含量＞含硫化物磷灰黑云单斜辉石岩中的 Sc 含量，富 Sc 矿物主要为单斜辉石，Sc 含量与 P 含量也具有正相关关系，表明 REE、Sc 的富集事件与岩石中 P 含量升高有关，此外 REE、Sc 元素含量随挥发分元素 F 含量升高而增高。黑云母、磷灰石和磁铁矿等矿物的成因矿物学分析所得证据表明，富 P 的源岩在较高温度和氧逸度条件下部分熔融分异，并形成 P、REE 的大量富集矿化。

综上所述，本研究认为，上庄富 REE-Sc 镁铁质-超镁铁质岩的母岩浆岩石源区具有富集 EM I 地幔端元特征，岩石来源于被交代的陆下岩石圈地幔（SCLM），成岩成矿处于拉脊山洋闭合初期的俯冲环境，富挥发分 F、Cl、高 REE 和 Sc 含量的镁铁质-超镁铁质硅酸盐熔体岩浆分异过程驱动了 REE-Sc 在地幔岩中的富集迁移。此外，本研究提出，中奥陶世的偏碱性、富含 F 挥发分镁铁质-超镁铁质岩，深大断裂构造，岩浆弧环境、源岩部分熔融和侵入体岩相分带是控制上庄矿床 REE-Sc 富集成矿的关键地质条件。

第 5 章 成矿熔体物质来源与成矿动力学机制及成矿模式

5.1 成矿熔体物质来源与成矿动力学机制

上庄磷稀土矿床三种单斜辉石岩的 SiO_2 含量较低（35.98%～51.37%），MgO 含量较高（5.47%～17.79%），但 $Mg^\#$ 值变化较大（37.4～86.0），表明它们是由超镁铁质地幔源的部分熔融形成的（Wilson，1989）。通常，来自软流圈地幔的岩浆在主微量元素组成上相当于洋中脊玄武岩（MORB）或洋岛玄武岩（OIB），其特征是 HFSE 不亏损（Hofmann，1988）。相比之下，来自岩石圈幔楔源的岩浆表现出典型的弧亲和特征，如 LILE 和 LREE 的富集，HFSE 的亏损（Zhao and Zhou，2007；Niu et al.，2021），这和我们的研究样品相似。此外，洋岛玄武岩（OIB）衍生的熔体 Zr/Nb（5.83）与我们的研究样品（Zr/Nb=7.5～123）不同（Sun and McDonough，1989）。因此，可以排除岩浆来源于软流层地幔，岩石圈地幔楔是合适的源区。

Nd-Hf 同位素中，榍石 $\varepsilon_{Nd}(t)$（−2.6～+1.2）和锆石 $\varepsilon_{Hf}(t)$（+3.3～+7.7）值与拉脊山地区奥陶系钙碱性系列中酸性岩（Cui et al.，2019）相似，后一种岩石被认为来自交代岩石圈地幔源，因此，本研究侵入体的母岩浆也可能来自交代的岩石圈地幔。此外，值得注意的是，与原始地幔的平均成分相比，这些高 $Mg^\#$ 的超镁铁质岩石（SZ2 单斜辉石岩）具有相对原始的特征，富含大离子亲石元素（LILE，如 Rb、Ba 和 Sr）、REE 和 Nd-Hf 同位素特征（图 3.5 和图 5.1），指示它们来自交代富集地幔。考虑到地壳污染不明显（图 5.2），它们的富集极有可能与俯冲有关的流体、沉积物熔体和板块熔体的改造有关（Kepezhinskas et al.，1997；Hanyu et al.，2006；Pearce，2008）。从相对原始岩浆结晶而成的 SZ2 单斜辉石岩，$(Ta/La)_N$ 和 $(Hf/Sm)_N$ 表现出与报道的与俯冲流体相关的交代作用和碳酸盐岩相关的交代作用的特征相似（La Flèche et al.，1998）。高 $Mg^\#$ 的 SZ2 样品高 Ba/La、Rb/Y 和 Nb/Zr 比值反映了含水流体对地幔交代作用的贡献大于沉积物熔体的贡献（Kepezhinskas et al.，1997；Hanyu et al.，2006）。实验研究表明，俯冲流体可与上覆地幔橄榄岩

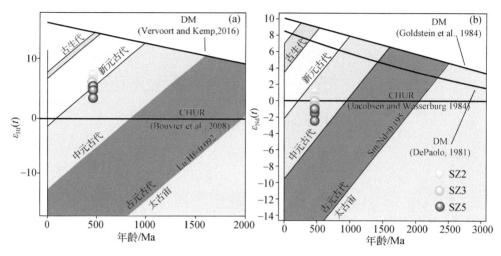

图 5.1 上庄富 REE、Sc 超镁铁质侵入体的 $\varepsilon_{Hf}(t)$-年龄图和 $\varepsilon_{Nd}(t)$-年龄图

DM. 亏损地幔；CHUR. 球粒陨石均一库

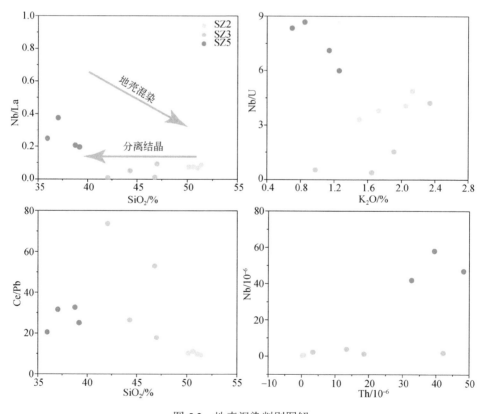

图 5.2 地壳混染判别图解

发生反应，产生新的交代矿物，如石榴子石、单斜辉石、角闪石和金云母（Rapp et al.，1999；Prouteau et al.，2001）。Furman 和 Graham（1999）研究表明，与金云母平衡的熔体 Ba 含量和 Ba/Rb 比值较低（<20），而与角闪石平衡的熔体 Rb/Sr 比值较低（<0.1），Ba/Rb 比值较高（>20）。高 $Mg^{\#}$ 的 SZ2 具有高 Rb/Sr 和低 Ba/Rb 比值，表明地幔源中主要存在金云母。样品中较高的 Dy/Yb 和可变的 La/Yb 比值进一步证明了地幔源中存在石榴子石和金云母。在我们的样品中观察到的大量黑云母和磷灰石也支持了地幔源区的含水特征。

综上所述，认为本书研究的超镁铁质侵入体来源于一种含金云母的碳酸盐化石榴子石橄榄岩源，该源经历了俯冲相关流体的交代作用。

通过详细的岩相学观察，本研究中的超镁铁质岩石发育新鲜的单斜辉石和黑云母，在含磷灰石单斜辉石岩中没有发现由于热液蚀变形成的矿物组合，说明样品基本没有受热液蚀变作用的影响。对于超镁铁质岩浆侵位，地壳混染几乎是不可避免的（DePaolo，1981），可以通过全岩和同位素指标来判断是否有明显的地壳混染。一般来说，地壳混染会导致 SiO_2 与 Nb/La 比值的负相关关系（Baker et al.，1996），本研究中的样品中没有明显负相关关系且样品中 Nb/La 比值变化不大，表明地壳混染不明显，全岩 Sr-Nd 同位素组成可以进一步证明地壳明显混染。考虑到地壳组分普遍含有明显的低 $\varepsilon_{Nd}(t)$、$\varepsilon_{Hf}(t)$、MgO 和高的 $^{87}Sr/^{86}Sr$ 比值（Rudnick and Fountain，1995），在岩浆上升过程中发生的任何地壳混染都会导致 $(^{87}Sr/^{86}Sr)_i$ 和 SiO_2 以及 $\varepsilon_{Nd}(t)$ 和 SiO_2 存在正相关的关系，本研究中的样品具有低的 $(^{87}Sr/^{86}Sr)_i$ 比值（0.7043~0.7057）、$\varepsilon_{Nd}(t)$ 值（+0.5~+1.2）和锆石 $\varepsilon_{Hf}(t)$（+3.4~+7.7），表明超镁铁质岩石原生岩浆受地壳混染程度较低（图 5.3）。但是从不含矿到含矿的单斜辉石岩样品中，存在小的 $(^{87}Sr/^{86}Sr)_i$ 上升趋势，变化在 0.002 范围内，这种变化可能不是地壳混染造成的，因为岩浆演化过程中 Rb 在晚期残余岩浆中富集，并可进一步衰变为 ^{87}Sr。因此，上述证据表明，本研究中超镁铁质岩石受地壳混染的程度较弱。

不含矿、含矿单斜辉石岩具有变化的 MgO 含量（7.56%~17.68%）、$Mg^{\#}$（40.2~87.2）、Cr（$36.7×10^{-6}$~$1993×10^{-6}$）和 Ni（$8.40×10^{-6}$~$553×10^{-6}$），表明它们在岩浆演化过程中经历了不同程度的分离结晶（Litvak and Poma，2010；Wilson，1989）。根据本次研究的超镁铁质岩石中 TFe_2O_3、TiO_2、MnO、SiO_2 与 $Mg^{\#}$ 的相关性，本研究认为它们是同一个岩浆房中不同结晶分异过程中岩浆演化的结果。这些样品的稀土配分模式图和微量元素蛛网图具有平行分布的特征，进一步说明它们是同一岩浆房演化的结果。

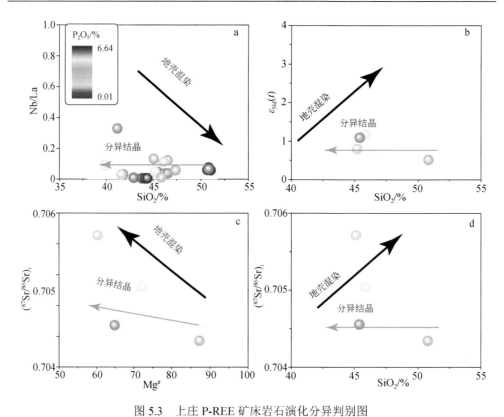

图 5.3　上庄 P-REE 矿床岩石演化分异判别图

a. Nb/La 与 SiO₂ 图解；b. $\varepsilon_{Nd}(t)$ 与 SiO₂ 图解；c. $(^{87}Sr/^{86}Sr)_i$ 与 Mg# 图解；d. $(^{87}Sr/^{86}Sr)_i$ 与 SiO₂ 图解（部分样品来自 Wang M X et al.，2017）

　　超镁铁质单斜辉石矿具有低的 SiO₂（39.46%～50.98%），高的 MgO（7.56%～17.68%），变化的 Mg# 含量（40.2～87.2），表明它们来自地幔的部分熔体（Wilson，1989）。这些单斜辉石岩样品具有高 Zr/Nb 比值（4.72～508），完全不同于 OIB 熔体（Zr/Nb=5.83）（Sun and McDonough，1989），因此排除了软流圈地幔部分熔融的可能。Nd-Hf 同位素表现为全岩显著正 $\varepsilon_{Nd}(t)$（+0.5～+1.2）（Wang M X et al.，2017）和锆石 $\varepsilon_{Hf}(t)$（+3.4～+7.7）值与拉脊山地区奥陶系钙碱性中酸性岩（Cui et al.，2019）的结果（+3.4～+7.7）基本一致，可以解释为来自交代岩石圈地幔源。因此，超镁铁质岩石的母岩浆可能来自交代岩石圈地幔。

　　基于前人的拉脊山地区存在早古生代（晚寒武世—奥陶纪）弧背景的研究证据（付长垒等，2018；闫臻等，2021），465～469 Ma，原特提斯洋拉脊山分支洋沿着化隆微陆块北缘向北俯冲，中祁连微陆块南缘及拉脊山地区转变为活动大陆边缘，表现为 465～469 Ma 的大陆边缘弧岩浆作用，因而，本研究支持拉脊山上庄磷稀土钪矿床地区奥陶系超镁铁质火成岩形成于弧环境。首先，上庄矿床具有典型的岩浆弧岩石组合，包括拉脊山缝合带周围的奥陶系超镁铁质-镁铁质岩、中基性火山岩和花岗岩（青海省地质矿产勘查开发局，1964；付长垒等，2018；闫臻等，2021）。其次，超镁铁质样品相对于洋陆岛弧的 MORB 和 Nb/Yb 具有较高的 Th/Yb 比值（Pearce，2008），表明岩浆可能形成于弧环境。该超镁铁质岩石中富含磷灰石-磁铁矿-磁黄铁矿及稀土矿化，属于该成矿带的首例，结合该特殊的成矿背景，本研究认为，中国西部拉脊山及祁连成矿带相邻的地区具有进一步寻找类似矿床的潜力。

5.2　矿床成矿模式

如前所述，以碳酸岩和碱性岩作为赋矿围岩的内生稀土矿床是目前稀土矿勘查和研究的热点，大量研究表明，碳酸岩和碱性岩主体起源于地幔，地幔源区富集稀土元素是保证岩体成矿的重要前提。世界上很多碳酸岩具有和洋岛玄武岩（OIB）非常相似的 Sr-Nb-Pb 同位素和稀有气体同位素特征（Jones et al.，2013），由此 Bell 和 Simonetti（2010）建立了碳酸岩起源于岩石圈地幔以下高 U/Pb 值地幔（HIMU）和 EM I 型富集地幔端元的混合源区成矿模式（图 5.4）。但部分学者观察到我国大型-超大型稀土矿床母岩浆的 Sr-Nb-Pb 同位素组成常偏离 HIMU 和 EM I 地幔端元混合线，其成分更接近于 EM II 地幔端元，据此现象和特点，有研究者认为成矿的碳酸岩及相伴生的碱性岩来源于富集的陆下岩石圈地幔（SCLM），且富集的岩石圈地幔很可能此前受到过俯冲沉积物交代（Hou et al.，2005），此看法在 Yang 等（2017）对内蒙古巴尔哲稀土矿床碱性花岗岩体源区性质的研究中得以证实，对碳酸岩型和碱性岩型稀土矿床成矿物质来源及母岩浆源区性质的研究带给本研究积极的启示意义，尽管本研究中拉脊山上庄磷稀土矿床含矿岩石为基性-超基性岩，但如前所述，上庄含矿基性-超基性的母岩浆研究表明，岩石源区为具有富集 EM I 地幔端元特征，岩石来源于被交代的陆下岩石圈地幔（SCLM）。岩浆过程，尤其是超镁铁质-镁铁质硅酸盐熔体的岩浆过程对 Sc 从地幔向地壳的迁移至关重要。

通过野外产状、岩石学、全岩地球化学、锆石 U-Pb 年代学和 Hf 同位素研究发现上庄矿床产出磷灰石和磷灰石-磁黄铁矿-磁铁矿两种矿石与不含矿单斜辉石岩存在明显的成因联系。不含铁的磷灰石矿石样品中的磷灰石（500～2000 μm）与粗粒黑云母和单斜辉石紧密共生，磷灰石中不发育流体包裹体。而含磁黄铁矿-磁铁矿磷灰石矿石样品同样发育单斜辉石、磷灰石、磁黄铁矿和磁铁矿等，但是磷灰石的含量在减少，且粒度更细在 50～300 μm，黑云母明显减少，这些特征与 P-Fe 矿床具有相似的特征，都发育磷灰石、磁铁矿等。与其他类型的 P-Fe 矿床不同，该矿床赋存于超镁铁质岩石中，含有丰富的黑云母，并含有一定的磁黄铁矿和黄铜矿，这种现象极为罕见。

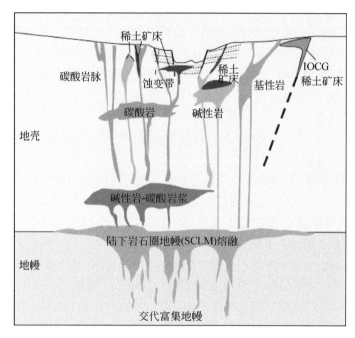

图 5.4 内生稀土矿床成矿模型（范宏瑞等，2020）

IOCG. 铁氧化物-铜-金

那么这种特殊的矿床是岩浆成因还是热液成因？本研究认为该矿床可能是岩浆矿床，除了前述从黑云母、磁铁矿和磷灰石矿物地球化学得到的证据外，其他证据如下：①从不含矿到含矿样品，除了黑云母、磷灰石、磁铁矿、磁黄铁矿和含钛矿物的变化外，矿物组合非常相似。磷灰石、磁铁矿等矿物与单斜辉石共生，无蚀变和交代作用，表明其为岩浆成因。②含矿和不含矿样品中锆石颗粒具有明显的振荡分带、极高的 Th/U 比值和陡峭的 REE 分布模式，与热液锆石完全不同，符合镁铁质-超镁铁质岩石中岩浆锆石的特征（Hoskin and Schaltegger，2003）。

对含矿岩石及其组成矿物的地球化学研究表明，熔体携带大量的 F^-、SO_3，少量的 CO_2 和 Cl^- 挥发分物质，实验工作及热动力学模拟显示，上述阴离子中 F^- 能有效地迁移稀土元素（Cui et al.，2020），在熔体演化过程中遇物理化学性质急剧变化时，可能导致稀土元素的集聚成矿。由此，本研究根据野外观察到的地质特征和矿物比例变化，结合镜下含 REE 矿物、含 Sc 矿物和磁铁矿等有益矿石矿物及脉石矿物组合及结晶顺序，综合岩石地球化学、单矿物地球化学特征及同位素地球化学特征分析，提出上庄磷稀土矿床导致 REE 和 Sc 等富集成矿的模式过程为：源岩岩浆演化为单一分异过程，不存在多期次的部分熔融分异。岩浆起源于受交代的陆下岩石圈地幔部分熔融，在岩浆分异当中，黑云母、辉石、橄榄石等暗色矿物的结晶将导致体系中 $Mg^{\#}$ 的降低，HFSE、REE 等不相容元素不易进入早期的矿物相中，在岩浆演化后期会在岩浆房富集。从不含矿岩石到富磷、富铁磷岩石，黑云母含量呈现下降趋势，而富铁矿物（如磁铁矿、磁黄铁矿）、富钛矿物（榍石）和富集稀土矿物（磷灰石）含量呈上升趋势，这些结果与全岩地球化学研究结果一致，全岩 Fe、HFSE 和 REE 呈上升趋势，全岩 $Mg^{\#}$ 呈下降趋势，由不含矿岩浆逐渐向富磷、富铁磷岩浆转变。岩石学、地球化学和地球年代学证据支持上庄矿床是一个岩浆矿床，演化过程中黑云母和单斜辉石先结晶，然后磷灰石结晶，最后磁黄铁矿、磁铁矿和榍石大量结晶（图 5.5）。

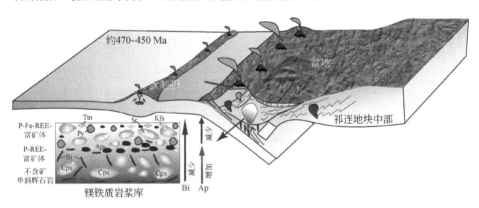

图 5.5　上庄磷稀土矿床 P、Fe、REE 成矿模式图

Ap. 磷灰石；Bi. 黑云母；Cpx. 单斜辉石；Py. 黄铁矿

第6章 区域成矿预测及资源勘查挑战

6.1 基性−超基性岩型 REE-Sc 矿成矿预测

拉脊山成矿带基性−超基性岩型 REE-Sc 矿成矿要素见表 6.1。

表 6.1 拉脊山成矿带基性−超基性岩型 REE-Sc 矿成矿要素

成矿要素		要素描述	要素分类
成矿时代		中奥陶世	必要
大地构造位置	大地构造分区	秦祁昆造山系，南祁连弧盆系，拉脊山蛇绿混杂岩带	重要
成矿围岩地层	岩石名称	海相沉积碎屑岩、火山岩为矿体围岩	重要
	岩石时代	中晚寒武世	重要
岩浆建造−岩浆作用	岩石名称	单斜辉石岩、黑云母单斜辉石岩、磷灰黑云单斜辉石岩	必要
	侵入岩时代	中奥陶世	必要
	岩体形态	含矿辉石岩呈岩体状，具有岩相分带	重要
	岩体产状	受区域深大断裂控制，总体呈北西向展布	重要
	岩石结构	中粗粒自形−半自形结构	重要
	岩石构造	块状构造	重要
成矿构造	断裂构造	断裂构造发育，NW 向拉脊山北缘边界断裂和 NW 向拉脊山南缘边界断裂控制	重要
矿石矿物	含稀土矿物名称	磷灰石	必要
		榍石	重要
	含钪矿石矿物	单斜辉石（透辉石）	必要
源岩性质	岩浆分异	部分熔融，单纯分异	必要
	源岩交代	源区受洋壳物质混染	重要
矿床资源储量	资源量/t	轻稀土氧化物资源储量 34.16 万 t	
	有益元素品位	铁磷矿石有益组分含量：P_2O_5 3.39%，RE_2O_3 0.106%；磷矿石有益组分 P_2O_5 3.54%，RE_2O_3 0.083%	
	矿床规模	磷大型，轻稀土中型，钪推测为大型	

本研究在上庄磷稀土矿床东部元石山镍铁矿床北侧也发现了出露的富 Sc 单斜辉石岩，呈岩体状产出，岩体南侧与中上寒武统六道沟组火山岩断层接触，北侧与上泥盆统粗碎屑岩呈角度不整合接触。岩体呈北西向展布于拉脊山北缘深大断裂以南，南北宽约 300 m，东西长大于 1000 m。尚缺乏区域调查及岩石地球化学资料证实该岩体是否为上庄矿区镁铁质-超镁铁质岩的东延部分。

该辉石岩矿物组分由单斜辉石（75%）、次生角闪石（18%）及不透明矿物（7%）组成（图 6.1），不含磷灰石矿物。

图 6.1 元石山镍铁矿床外围单斜辉石岩镜下特征

Aug. 辉石；Hb. 角闪石；Cpx. 单斜辉石

在不同位置露头采集的 6 件单斜辉石岩样品中，除 1 件样品中的 Sc 含量较低外（表 6.2），其余 5 件样品中的 Sc 为 $43.8 \times 10^{-6} \sim 59.2 \times 10^{-6}$，换算为 Sc_2O_3 为 $67.16 \times 10^{-6} \sim 90.77 \times 10^{-6}$，平均值为 78.8×10^{-6}，均高出 $Sc_2O_3 > 50 \times 10^{-6}$ 的工业利用下限值（范亚洲等，2014）。考虑到岩石中主要矿物为单斜辉石，可以推断有益元素 Sc 以类质同象置换形式赋存于单斜辉石中。

表 6.2 元石山镍铁矿床外围单斜辉石岩 Sc 含量表

岩性	样品编号	Sc/10⁻⁶	Sc₂O₃/10⁻⁶	备注
单斜辉石岩	YSS3Y4	43.8	67.16	$Sc_2O_3 > 50 \times 10^{-6}$
	YSS4Y1	31.18	47.81	$Sc_2O_3 < 50 \times 10^{-6}$
	YSS4Y2	50.03	76.71	$Sc_2O_3 > 50 \times 10^{-6}$
	YSS4Y3	51.22	78.54	$Sc_2O_3 > 50 \times 10^{-6}$
	YSS5Y1	52.79	80.94	$Sc_2O_3 > 50 \times 10^{-6}$
	YSS12Y1	59.2	90.77	$Sc_2O_3 > 50 \times 10^{-6}$

元石山发现的富 Sc 单斜辉石岩满足拉脊山成矿带基性-超基性岩型 REE-Sc 矿成矿要素中的大部分必要和重要条件，完全具备 Sc 富集成矿的可能性。因此，本研究圈定元石山铁镍矿床外围富 Sc 单斜辉石岩为今后勘查 Sc 矿的远景预测区域。

拉脊山成矿带断续出露超基性岩体成带展布，东西长达 25 km，南北宽平均约 600 m。进一步对成矿地质环境的研究初步显示，该成矿带地质条件有利于形成超镁铁质岩型钪矿，有望成为青海东部重要的钪成矿区，资源集中度高，经济价值巨大。如上庄磷稀土矿床中 Sc_2O_3 平均品位为 102.07×10^{-6}，预测钪资源量有望超 300 t；元石山铁镍矿床中 Sc_2O_3 平均品位为 83.05×10^{-6}，预测钪资源量约 100 t。根据矿床类型、成矿地质环境、含矿岩石类型对比分析，本研究提出拉脊山存在一条与超基性岩有关的钪成矿区带的推断性认识。

另外，青海省自北向南空间上广泛分布着走廊南山、达坂山、拉脊山、柴北缘、东昆仑、巴颜喀拉、三江地区等 12 条巨型超基性岩带，普遍发育蛇绿岩型和非蛇绿岩型超基性岩体，与拉脊山超基性岩带构造环境、岩石学和地球化学特征近似，其中不乏形成与超基性岩紧密相关的钪矿床的成矿构造、岩石等有利条件（表 6.3），如在柴北缘蛇绿混杂岩带超基性岩中 Sc_2O_3 含量即超过 50×10^{-6}，如果以单个规模为 $0.1 km^3$ 的富钪超基性岩体估算，则预测钪下限资源量将达 100 t 左右。因而，极具寻找"上庄式"磷稀土矿床钪资源的优势和潜力。由此预示着，青海省除已确定的拉脊山钪资源富集区外，至少在柴北缘蛇绿混杂岩带也是钪资源潜在的预测找矿远景区。

表 6.3 青海省钪资源找矿预测远景区

主要分布地区	预测的钪资源	勘查程度及矿化情况	生态环保区划定
走廊南山	超基性岩体发育规模大	未勘查	祁连山国家公园
达坂山	超基性岩体发育较好	未勘查	部分为生态环保区
拉脊山	超基性岩体出露较好，2 处含钪矿化。上庄矿床中 Sc_2O_3 品位为 $82.08\times10^{-6}\sim144.15\times10^{-6}$、平均品位为 102.07×10^{-6}。估测资源量约为 300 t；元石山矿床中 Sc_2O_3 为 $51.97\times10^{-6}\sim100.97\times10^{-6}$，平均品位为 83.05×10^{-6}	仅开展了调查，已发现富钪岩体	部分为生态环保区
柴北缘	超基性岩分布规模大，岩体出露较好。Sc_2O_3 含量超过 50×10^{-6}，预测钪资源量大于 100 t	未勘查，但已发现钪矿化超基性岩体	大部不属于生态环保区
宗务隆山	规模中等，超基性岩体出露较好	未勘查	大部为生态环保区
东昆仑	超基性岩发育规模巨大，断续长达 1000 余千米，岩体出露较好。预测钪资源量丰富	未勘查	局部为生态环保区
青海南部及"三江源"	超基性岩体分布广泛	未勘查	三江源国家公园生态保护区

6.2　Sc 资源勘查挑战及对策

1. Sc 矿资源勘查面临的"瓶颈"问题

1）对伴生钪资源重视程度不够

作为一种重要的稀土金属材料，钪在电子工业、航天、军工等领域广泛使用，随着地质科研的不断深入，其含矿母岩已经突破了以往仅关注中酸性侵入岩的范畴而呈现多岩性的趋势，在超基性岩的复杂硅酸盐矿物中也发现并提取到可工业利用的钪。但目前我国矿产勘查部门普遍采用的《矿产资源工业要求手册》（2014）只对黑钨矿石英脉及白云母云英岩矿床中黑钨矿、含锡石硫化物矿床中锡石以及角闪石、磁铁矿-萤石型矿床中铁锂云母三类矿石中的 Sc 矿石品位一般工业指标做出明确规定，导致超基性岩型钪矿资源缺失统一的工业指标，且我国矿产资源矿种管理中尚未给予除《矿产资源工业要求手册》（2014）中规定矿床以外类型伴生钪的应有地位。因此，在这种具权威性的工业手册指引下，勘查单位往往很难对其他类型钪矿给予重视并开展勘查工作，无法对钪矿资源进行有效的综合评价，致使对钪资源的储量和质量掌握不清。

2）小型矿山企业开发伴生矿种成本高昂

钪矿种为青海省近些年的重要找矿发现，但目前资源勘查部门尚未对这一重要的战略性矿产资源做出系统的勘查或资源评价部署。囿于此现状，当地小型矿山企业自身无技术条件开展勘探活动，在建设伴生钪矿综合利用的生产线上也是困难重重，主要原因为小型企业自身资金、技术等资源短缺，融资渠道不畅，技术研发难度大，生产线投入成本高，这些都是阻碍小型企业开发伴生钪矿的重要因素，进而连锁反应式地影响矿政管理部门、地勘部门及其他矿企对钪资源的科学认识与评价。

3）矿业活动与生态环保的矛盾

矿业活动难免对生态环境造成不同程度的影响，即便是"绿色开发"也无可避免，钪矿资源的开采同样如此。拉脊山地区属于划定的生态涵养区域，钪矿资源开发对环境的潜在影响体现在三个方面：一是对高山草地、珍稀菌类、土壤及地下水环境的影响；二是露天开采遗留疤痕状地貌对生态景观造成的视觉美观影响；三是尾矿弃渣、废石堆可能引发崩塌、滑坡或泥石流等次生地质灾害。

2. 资源勘查对策及开发建议

1）加快推进勘查部署进度，促进地方国土空间规划优化及扶贫开发

钪作为重要的战略性矿产资源，其在现代高新技术领域的地位弥足轻重，将

其束之高阁非长久之策。目前，青海省拉脊山成矿带两处矿床超基性岩中发现富钪资源是不争的事实，另外，省内自北而南广泛发育超基性岩带，其中柴北缘地区超基性岩富钪已初露端倪并显示出良好的矿化信息。从成矿地质背景、控矿地质因素、含矿岩石类型、矿床成因等方面分析，青海省钪矿产出的地质条件十分有利，加之其矿床类型属于岩浆型，具有矿产资源分布相对较为集中的优势，找矿前景广阔。为此，建议资源勘查行政部门加快做出勘查部署，对其开展勘查以查明其资源储量和质量，并做出综合评价，便于为矿产资源管理、国土空间规划调整优化、地方经济产业布局、资源利用、扶贫开发等提供关键支持。

2）加强对已发现伴生钪资源的"产、学、研"技术攻关

超基性岩型伴生钪属于一种有别于传统类型的资源，在目前的工业开发领域尚属于非主流利用对象，钪多以类质同象形式赋存在不同的矿物中，含钪矿物呈现出多样性、复杂性的特征。业内对富钪矿物、采矿方式、选冶工艺、一般工业指标等认知不足，仍值得深入探索。建议由相关行政部门出台产业发展指导政策做先锋，并设立科研和重大成果奖励基金，积极引导科研团队和企业生产线充分响应跟进国家创新驱动发展战略，在提取主矿种的同时，加强对已发现伴生钪资源的"产、学、研"联合技术攻关，合力解决钪的高效提取和工业化生产技术难题，进而为国家和行业相关部门建立伴生钪工业指标，将钪资源纳入统计管理提供依据。

3）坚持绿色发展理念，着力完善绿色勘查及绿色矿山建设

深刻理解习近平"绿水青山就是金山银山"的重要思想内涵，坚持走绿色发展之路，处理好矿产资源探采与生态保护之间的关系。为此，建议加强绿色勘查与绿色矿山建设，努力构建环境友好型矿业探采企业。针对矿业勘查与矿山开采可能造成的生态影响，以生态保护优先为原则，从源头上防止生态破坏、自然景观损毁、次生地质灾害的发生，通过提高植被覆盖度、修整边坡地貌、废石渣堆污染土地修复等措施实现生态恢复，最大限度地减少生态与矿业勘查及开发之间的矛盾，从而实现高质量发展的目的。

第7章 结　　语

本研究通过对祁连造山带拉脊山蛇绿混杂岩带中的上庄磷稀土矿床富 REE、Sc 镁铁质-超镁铁质侵入体开展野外地质调查、岩相学观察、全岩和单矿物（磷灰石、榍石、磁铁矿、单斜辉石、黑云母等）地球化学、榍石 Nd 同位素、锆石 Hf 同位素、锆石和榍石 U-Pb 年代学以及矿物地球化学等方面的研究，整合先前的研究成果，得出如下主要认识：

（1）上庄镁铁质-超镁铁质侵入体主要由（黑云母）单斜辉石岩（SZ2）、含磷灰石黑云母单斜辉石岩（SZ3，富 P-REE 矿）和含硫化物磷灰黑云单斜辉石岩（SZ5，富 P-REE 矿）组成。总体上，三者主要造岩矿物由单斜辉石和黑云母组成，但 SZ3 和 SZ5 富含磷灰石、方解石。全岩和单斜辉石均显示较高的 Sc 含量，全岩 Sc 含量分别为 $60.2 \times 10^{-6} \sim 69.4 \times 10^{-6}$（$Sc_2O_3$ 为 $92.31 \times 10^{-6} \sim 106.41 \times 10^{-6}$）、$109 \times 10^{-6} \sim 134 \times 10^{-6}$（$Sc_2O_3$ 为 $167.1 \times 10^{-6} \sim 205.5 \times 10^{-6}$）和 $34.6 \times 10^{-6} \sim 37.9 \times 10^{-6}$（$Sc_2O_3$ 为 $53.1 \times 10^{-6} \sim 58.1 \times 10^{-6}$）；单斜辉石 Sc 含量分别为 $71.3 \times 10^{-6} \sim 101.7 \times 10^{-6}$、$136.7 \times 10^{-6} \sim 203 \times 10^{-6}$ 和 $55.7 \times 10^{-6} \sim 106.5 \times 10^{-6}$。岩石和单矿物 Sc 含量比大多数环状超镁铁质侵入体型 Sc 矿床和其他类型矿床中高，Sc_2O_3 含量平均值高于云南牟定钪矿床 50×10^{-6} 的下限值，表明上庄富钪镁铁质-超镁铁质侵入体是钪矿床成矿的岩石学条件。

（2）锆石和榍石 U-Pb 年代学研究表明，上庄富 Sc 超镁铁质侵入体结晶年龄为 $469 \sim 465$ Ma，也是 Sc 成矿年龄，与原特提斯洋向中祁连地块之下俯冲时代一致。表明上庄磷稀土矿床镁铁质-超镁铁质岩成岩成矿于中奥陶世，突破了前人认为成岩成矿于晚奥陶世（442.5 Ma，K-Ar 法，杨生德等，2013a）和晚寒武世（492.6 ±4.1 Ma，锆石 U-Pb，Wang M X et al.，2017）的认识，这从成矿年代学角度证实了前述成矿发生于俯冲背景的岩浆弧环境，而并非为寒武纪仍处于裂解的洋脊扩张环境，从而为寻找具岩浆弧型岩石地球化学特征的镁铁质-超镁铁质岩相关 P-REE-Sc 矿产提供了依据。结合三者野外无明显界线、矿物组合相似、全岩和单斜辉石主微量元素组成以及同位素特征显示 SZ2→SZ3→SZ5 分离结晶程度越来越高的趋势，本研究认为它们来源于同一岩浆，三者构成一套堆晶岩体。

（3）岩体总体属于高钾钙碱性-偏碱性，微量元素组成具有弧亲和性，后期蚀变和地壳混染不明显。SZ2 具有最高的 $Mg^{\#}$（$83 \sim 86$），由最原始岩浆形成，具有弧样微量元素组成，以富集 LILE、LREE 和亏损 HFSE 为特点，锆石 Hf 同位素

（$\varepsilon_{Hf}(t)$：+3.4～+7.7）和榍石 Nd 同位素（$\varepsilon_{Nd}(t)$：-1.2～+1.2）显示交代地幔的属性，形成于岩浆弧环境。SZ3 和 SZ5 具有中等和低的 $Mg^{\#}$（61～68 和 37～47），具有弧样微量元素组成，比 SZ2 富集。锆石 Hf 同位素分别为 $\varepsilon_{Hf}(t)$：+5.3～+6.5 和+3.3～+5.6；榍石 Nd 同位素分别为 $\varepsilon_{Nd}(t)$：-1.0～-0.1 和-2.6～-0.9。这些差异是岩浆演化的结果。此外，全岩主微量元素分析指示地幔源区经历了俯冲流体的交代，包括碳酸盐交代作用。结合成岩成矿时代，本研究认为上庄侵入体富 Sc 超镁铁质侵入体的源区为含金云母碳酸岩化的石榴子石二辉橄榄岩。

（4）根据 SZ5 的矿物组成特征、AMICS 矿物全分析系统测试和稀土氧化物在矿物中的平衡分配率计算，岩石中稀土氧化物在磷灰石中的平衡分配率为53.33%，稀土氧化物在榍石中的平衡分配率为 41.54%，两者合计达 94.87%，由此，确定岩石中赋存 REE 元素的矿物主要为磷灰石和榍石。REE 元素以离子置换方式替代磷灰石和榍石中的 Ca^{2+}，磷灰石中置换为：①$REE^{3+}+Si^{4+}$=$Ca^{2+}+P^{5+}$，②$2REE^{3+}+\square$（空穴位）=$3Ca^{2+}$，榍石中的置换式为（Al，Fe）$^{3+}+REE^{3+}$=$Ti^{4+}+Ca^{2+}$。

（5）根据 SZ2、SZ3 和 SZ5 中单斜辉石的主微量元素组成，可以分为四类单斜辉石域：其中 SZ5 中的第一类单斜辉石具有含量更高的 REE 且 HREE（Er、Tm、Yb 和 Lu）上升，更高的微量元素，Pb、Zr 和 Hf 富集，更亏损的 P；第二类单斜辉石具有低的 REE 且 HREE 平坦，Zr 和 Hf 亏损。SZ2 和 SZ3 中的单斜辉石显示无成分分带和正带特征，高场强元素（如 Ta、Zr 和 Hf）表现出富集，大离子亲石元素（如 Rb、Ba）表现出亏损，U 和 Pb 呈正异常，是岩浆正常分离结晶形成的；SZ5 中的第二类单斜辉石组成与 SZ2 中的一致，这被归因于更原始的岩浆补给到演化的岩浆房，由于热对流作用 SZ2 中单斜辉石在 SZ5 岩浆中溶蚀—再生长所致。SZ2 和 SZ5 中的单斜辉石具有比 SZ3 中单斜辉石低的 Sc 含量，这是因为早中期熔体中 Sc 充足，但高 MgO 限制了 Sc 进入早期的 SZ2 中，在中期中等 MgO 条件下大量进入 SZ3，而晚期熔体中 Sc 浓度下降导致了 SZ5 中 Sc 含量降低（余成涛，2023）。

（6）青海上庄超镁铁质侵入体中 Sc 的富集机制可归因于：①源区富集。拉脊山地区地幔源区较高的 Sc 背景值和俯冲流体交代富集，是 Sc 进一步富集的基础。②部分熔融富集。部分熔融过程中，源区中水、磷和 CO_2 的存在促进部分熔融程度或 Sc 转移到熔体中。③分离结晶富集。分离结晶过程中，大量 Sc 进入单斜辉石是 Sc 富集的关键，熔体中 Sc 的浓度比分配系数和矿物占比具有更强的控制作用；含水熔体条件下单斜辉石大量结晶和高 MgO 降低分配系数也影响着 Sc 的富集。此外，拉脊山缝合带上庄超镁铁质侵入体高富 Sc 特征，受到构造环境和源区及岩浆过程的控制，这可能表明在中国西部祁连及其邻近的缝合带系统中，这种弧环境具有寻找类似矿床的巨大潜力。

（7）上庄磷稀土矿床含矿辉石岩中矿石矿物与寄主岩石矿物一致，成岩成矿具同一性。矿石中的黑云母含有高的 Al、K、Ti，中等偏低的 Fe、Mg，贫 Ca 和 Na，属镁质黑云母，为原生黑云母或岩浆成因；磁铁矿中微量元素 V、Cr、Ti 含量较高，其他元素变化范围较大且含量较低，Ni/Cr 比值≤1，显示其岩浆型磁铁矿的特征；磷灰石为氟磷灰石，结晶程度较好，背散射图像（BSE）中均一明亮，无热液型磷灰石或被热液溶蚀交代磷灰石具有的孔洞、裂隙、浑浊发暗等现象；其高 F、贫 Cl、高 Sr，强烈富集轻稀土，轻、重稀土分馏明显的特征，与典型岩浆型磷灰石相似。因而，对黑云母、磁铁矿和磷灰石的矿物学及矿物地球化学特征研究认为，该矿床为与镁铁质-超镁铁质岩熔融分异有关的岩浆成因类型。

（8）在拉脊山成矿带元石山地区新发现 1 处富 Sc 单斜辉石岩体，其南北宽约 300 m，东西长大于 1000 m。岩石样品中 Sc_2O_3 为 $67.16 \times 10^{-6} \sim 90.77 \times 10^{-6}$，平均值为 78.8×10^{-6}，均高于国内同类型钪矿床的资源储量圈定下限值（Sc_2O_3 为 50×10^{-6}）。该富 Sc 单斜辉石岩满足拉脊山成矿带与基性-超基性岩有关 Sc 成矿的大部分要素条件，具有 Sc 富集成矿的潜力，为该区域进一步勘查 Sc 资源提供了重要依据。

参 考 文 献

安永龙, 2015. 中祁连中段丹德尔岩体岩石地球化学特征、形成时代及大地构造意义. 北京: 中国地质大学(北京).

柴凤梅, 李永, 王雯, 等, 2023. 新疆阿尔泰巴斯铁列克钨多金属矿区花岗岩黑云母特征及成岩成矿意义. 矿床地质, 42(1): 1-21.

陈柏林, 王春宇, 崔玲玲, 等, 2008. 祁连山北缘—河西走廊西段晚新生代逆冲推覆断裂发育模式. 地学前缘, 15(6): 260-277.

陈干, 郑文俊, 王旭龙, 等, 2017. 榆木山北缘断裂现今构造活动特征及其对青藏高原北东扩展的构造地貌响应. 地震地质, 39(5): 871-888.

陈伟, 赵太平, 魏庆国, 等, 2008. 河北大庙Fe-Ti-P矿床中铁钛磷灰岩的成因: 来自磷灰石的证据. 岩石学报, 24(10): 2301-2312.

陈文林, 李连松, 周湘志, 2007. 青海平安上庄磷矿床地质特征及成因探讨. 四川地质学报, (4): 269-273.

陈宣华, 邵兆刚, 熊小松, 等, 2019. 祁连造山带断裂构造体系、深部结构与构造演化. 中国地质, 46(5): 995-1020.

陈衍景, 2006. 造山型矿床、成矿模式及找矿潜力. 中国地质, 33(6): 1181-1196.

陈衍景, 2010. 初论浅成作用和热液矿床成因分类. 地学前缘, 17(2): 27-34.

陈应华, 蓝廷广, 王洪, 等, 2018. 莱芜张家洼铁矿磁铁矿LA-ICP-MS微量元素特征及其对成矿过程的制约. 地学前缘, 25(4): 32-49.

丛智超, 2017. 青海北祁连铜多金属矿床成矿规律研究. 长春: 吉林大学.

崔加伟, 郑有业, 孙祥, 等, 2016. 青海省赛支寺花岗闪长岩及其暗色包体成因: 锆石U-Pb年代学、岩石地球化学和Sr-Nd-Hf同位素制约. 地球科学, 41(7) : 1156-1170.

崔军文, 张晓卫, 唐哲民, 2006. 青藏高原的构造分区及其边界的变形构造特征. 中国地质, (2): 256-267.

董云鹏, 惠博, 孙圣思, 等, 2022. 中国中央造山系原-古特提斯多阶段复合造山过程. 地质学报, 96(10): 3426-3448.

段超, 李延河, 毛景文, 等. 2017. 宁芜和尚桥铁氧化物-磷灰石矿床（IOA）成矿过程研究: 来自磁铁矿LA-ICP-MS原位分析的证据. 岩石学报, 33(11): 3471-3483.

樊文枭, 周军明, 张欢, 等, 2023. 富稀土深海沉积物中稀土元素载体矿物的研究进展与展望. 矿物学报, 43(2): 145-156.

范宏瑞, 牛贺才, 李晓春, 等, 2020. 中国内生稀土矿床类型、成矿规律与资源展望. 科学通报, 65: 3778-3793.

范亚洲, 周伟, 王子玺, 等, 2014. 稀散元素 Sc 的矿床类型及找矿前景. 西北地质, 47(1): 234-243.

范照雄, 贺领兄, 马秀兰, 等, 2011. 青海平安上庄岩浆型铁磷稀土矿床成矿规律与成矿模式探讨. 青海科技, 18(5): 34-36.

冯凯, 肖仪武, 李磊, 2021. 钪的地球化学行为与资源类型. 有色金属(选矿部分),(6): 6-16.

冯益民, 何世平, 1996. 祁连山大地构造与造山作用. 北京: 地质出版社.

冯益民, 曹宣铎, 张二朋, 等, 2002. 西秦岭造山带结构造山过程及动力学. 西安: 西安地图出版社: 1-263.

付长垒, 闫臻, 2017. 拉脊山蛇绿混杂带结构组成、形成时代与形成过程. 地球学报, 38(S1): 29-32.

付长垒, 闫臻, 郭现轻, 等, 2014. 拉脊山口蛇绿混杂岩中辉绿岩的地球化学特征及 SHRIMP 锆石 U-Pb 年龄. 岩石学报, 30(6): 1695-1706.

付长垒, 闫臻, 王宗起, 等, 2018. 南祁连拉脊山口增生楔的结构与组成特征. 岩石学报, 34(7): 2049-2064.

付长垒, 闫臻, 王秉璋, 等, 2021. 造山带中古海山残片的识别——以拉脊山缝合带青沙山和东沟地质填图为例. 地质通报, 40(1): 31-40.

葛肖虹, 刘俊来, 1999. 北祁连造山带的形成与背景. 地学前缘,(4): 223-230.

郭安林, 张国伟, 强娟, 等, 2009. 青藏高原东北缘印支期宗务隆造山带. 岩石学报, 25(1): 1-12.

郭海燕, 夏勇, 何珊, 等, 2017. 贵州织金磷块岩型稀土矿地球化学特征. 矿物学报, 37(6): 755-763.

郭进京, 赵凤清, 李怀坤, 等, 2000. 中祁连东段湟源群的年代学新证据及其地质意义. 中国区域地质, 19(1): 27-32.

郭远生, 曾普胜, 郭欣, 等, 2012. 钪的有关问题暨滇中地区基性-超基性岩含钪性研究. 地球学报, 33(5): 745-754.

韩明, 2020. 白云鄂博氧化矿选铌尾矿的提钪浸出试验研究. 包头: 内蒙古科技大学.

韩明, 李侠, 贾艳, 等, 2021. 微波焙烧预处理从白云鄂博矿中浸出钪的实验研究. 稀土, 42(6): 127-133.

韩松, 贾秀琴, 钱青, 等, 2000. 北祁连大岔大坂两类辉长岩的地质地球化学特征及其构造环境. 岩石矿物学杂志,(2): 106-112.

韩吟文, 马振东, 2004. 地球化学. 北京: 地质出版社: 60-63.

何宏平, 杨武斌, 2022. 我国稀土资源现状和评价. 大地构造与成矿学, 46(5): 829-841.

何世平, 李荣社, 王超, 等, 2011. 南祁连东段化隆岩群形成时代的进一步限定. 岩石矿物学杂志, 30(1): 34-44.

何益, 2016. 攀枝花层状岩体钪的地球化学特征及富集规律. 成都: 成都理工大学.

何照波, 何云, 周晓峰, 等, 2022. 滇南马鞍底钪钒钛磁铁矿床地质特征与综合评价. 矿产与地质, 36(4): 723-731.

贺宇龙, 2020. 白云鄂博尾矿综合回收稀土、萤石、铌、钪选矿新工艺. 包头: 内蒙古科技大学.

侯明才, 邓敏, 张本健, 等, 2011. 峨眉山高钛玄武岩中主要的赋钛矿物——榍石的产状、特征及成因. 岩石学报, 27(8): 2487-2499.

侯青叶, 张宏飞, 张本仁, 等, 2005. 祁连造山带中部拉脊山古地幔特征及其归属: 来自基性火山岩的地球化学证据. 地球科学, (1): 61-70.

侯增谦, 陈骏, 翟明国, 2020. 战略性关键矿产研究现状与科学前沿. 科学通报, 65(33): 3651-3652.

胡朋, 刘国平, 江思宏, 等, 2023. 全球稀土矿床的主要类型和成因研究进展. 矿产勘查, 14(5): 691-700.

华杰文, 周云, 刘奕志, 等, 2023. 滇东南个旧矿区花岗岩黑云母成分特征及其对锡成矿的指示. 地质科学, 58(2): 580-597.

黄机炎, 1988. 钪资源开发与工业应用简况. 稀土, 2: 49-54.

黄帅堂, 2016. 青海日月山断裂带地震危险性评价及其构造意义. 北京: 中国地震局地震预测研究所.

黄霞光, 罗国清, 李亚平, 2016. 攀西钒钛磁铁矿中钪的赋存状态研究. 有色金属（选矿部分）, (6): 1-4.

计波, 李向民, 黄博涛, 等, 2021. 南祁连党河南山地区新元古代拐杖山岩群碎屑锆石 U-Pb 年代学及其地质意义. 地质学报, 95(3): 765-778.

贾群子, 杨钟堂, 肖朝阳, 等, 2006. 祁连成矿带成矿规律和找矿方向. 西北地质, (2): 96-113.

贾元琴, 2011. 祁连造山带玉石沟蛇绿岩铬铁矿成矿作用地球化学制约. 兰州: 兰州大学.

金会心, 王华, 李军旗, 2007. 新华戈仲伍组含稀土磷块岩矿石性质研究. 稀有金属, 31(3): 377-383.

《矿产资源工业要求手册》编委会, 2014. 矿产资源工业要求手册. 北京: 地质出版社: 272-273.

兰彩云, 赵太平, 罗正传, 等, 2015. 河南舞阳赵案庄铁矿床成因: 来自磁铁矿和磷灰石的矿物学证据. 岩石学报, 31(6): 1653-1670.

李波, 梁冬云, 张莉莉, 2012. 富磷灰石复杂稀土矿石工艺矿物学研究. 中国稀土学报, 30(6): 761-765.

李春龙, 李永忠, 2014. 包钢尾矿中钪资源的综合利用. 稀土, 35(5): 55-61.

李建锋, 张志诚, 韩宝福, 2010. 中祁连西段肃北、石包城地区早古生代花岗岩年代学、地球化学特征及其地质意义. 岩石学报, 26(8): 2431-2444.

李建武, 李天骄, 贾宏翔, 等, 2023. 中国战略性关键矿产目录厘定. 地球学报, 44(2): 261-270.

李军敏, 丁俊, 尹福光, 等, 2012. 渝南申基坪铝土矿矿区钪的分布规律及地球化学特征研究. 沉积学报, 30(5): 909-918.

李军敏, 陈莉, 徐金沙, 等, 2013. 渝南大佛岩矿区铝土矿碎屑锆石中钪的赋存形式研究. 沉积学报, 31(4): 630-638.

李立兴, 李厚民, 陈正乐, 等, 2010. 河北承德黑山铁矿床热液成矿特征及流体包裹体研究. 岩石学报, 26(3): 858-870.

李立兴, 李厚民, 陈振宇, 等, 2014. 冀北与角闪石岩相关铁钛磷灰岩的特征及成因——磷灰石矿物化学的证据. 地质学报, 88(3): 380-388.

李梅, 胡德志, 柳召刚, 等, 2013. 白云鄂博稀土尾矿中钪的浸出方法研究. 中国稀土学报, 31(6): 703-709.

李梅, 耿金龙, 高凯, 等, 2017. 白云鄂博尾矿中钪的浸出及铌富集物制备工艺研究. 稀土, 38(5): 111-119.

李秋立, 赵磊, 张艳斌, 等, 2016. 朝鲜甑山 "群" 变质岩中锆石-榍石-金红石 U-Pb 体系: 古元古代—中生代构造-热事件记录. 岩石学报, 32(10): 3019-3032.

李世金, 2011. 祁连造山带地球动力学演化与内生金属矿产成矿作用研究. 长春: 吉林大学.

李文渊, 2004. 祁连山主要矿床组合及其成矿动力学分析. 地球学报,(3): 313-320.

李志丹, 李山坡, 郭虎, 等, 2022. 华北克拉通南缘大庄铌-稀土矿床碱性岩中榍石的地球化学、U-Pb 年龄和 Nd 同位素特征. 地球科学, 47(4): 1415-1434.

廖春生, 徐刚, 贾江涛, 等, 2001. 新世纪的战略资源——钪的提取与应用. 中国稀土学报, 19(4): 289-297.

林秋婷, 陈晨, 刘海洋, 2020. 硼的地球化学性质及其在俯冲带的循环与成矿初探. 岩石学报, 36(1): 5-12.

林天瑞, 彭善池, 周志强, 2015. 青海化隆拉脊山寒武纪球接子类三叶虫. 古生物学报, 54(2): 184-206.

林文蔚, 彭丽君, 1994. 由电子探针分析数据估算角闪石、黑云母中的 Fe^{3+}、Fe^{2+}. 长春地质学院学报, 24(2): 155-162.

刘彬, 马昌前, 刘园园, 等, 2010. 鄂东南铜山口铜（钼）矿床黑云母矿物化学特征及其对岩石成因与成矿的指示. 岩石矿物学杂志, 29(2): 151-165.

刘峰, 杨富全, 李延河, 等, 2009. 新疆阿勒泰市阿巴宫铁矿磷灰石微量元素和稀土元素特征及矿床成因. 矿床地质, 28(3): 251-264.

刘彦兵, 2012. 北祁连西段鹰嘴山金矿床成矿作用与成矿规律研究. 北京: 中国地质大学.

刘懿馨, 2019. 北祁连西段古—中元古代构造-岩浆作用及其地质意义. 兰州: 兰州大学.

刘英俊, 曹励明, 李兆, 等, 1984. 元素地球化学. 北京: 科学出版社.

龙志奇，王良士，黄小卫，等，2009. 磷矿中微量稀土提取技术研究进展. 稀有金属，33(3)：434-441.

陆松年，于海峰，金巍，等，2002. 塔里木古大陆东缘的微大陆块体群. 岩石矿物学杂志，(4)：317-326.

路彦明，范俊杰，赵新峰，等，2004. 甘肃黑刺沟金矿床地质特征及类型归属. 黄金地质，(3)：1-6.

栾鹏，2015. 金属钪供需及发展前景分析. 经济研究导刊,(19)：70-71.

马升峰，2012. 白云鄂博稀选尾矿中钪的提取工艺研究. 呼和浩特：内蒙古大学.

马英军，刘丛强，1999. 化学风化作用中的微量元素地球化学——以江西龙南黑云母花岗岩风化壳为例. 科学通报，44(22)：2433-2437.

毛景文，袁顺达，谢桂青，等，2019. 21世纪以来中国关键矿产找矿勘查与研究新进展. 矿床地质，38(5)：935-969.

毛明陆，刘池洋，1995. 河西走廊东部晚古生代前陆盆地演化特征. 甘肃地质学报，(2)：55-61.

牛漫兰，文凤玲，闫臻，等，2021. 南祁连拉脊山构造带早古生代岩浆混合作用：以马场岩体为例. 岩石学报，37(8)：2364-2384.

潘桂棠，李兴振，王立全，等，2002. 青藏高原及邻区大地构造单元初步划分. 地质通报，(11)：701-707.

秦宇，2018. 南祁连造山带新元古代—早古生代构造演化. 西安：西北大学.

青海省地质调查院，2007. 西宁幅1：250000区域地质调查报告.

青海省地质调查院，2019. 中国矿产地质志·青海志. 北京：地质出版社.

青海省地质局，1978. 青海省湟中县上庄磷矿区东段总结勘探地质报告.

青海省自然资源厅，2022. 截至二〇二一年底青海省矿产资源储量简表.

邱家骧，曾广策，王思源，等，1995. 青海拉脊山造山带早古生代火山岩. 西北地质科学，(1)：69-83.

邱家骧，曾广策，王思源，等，1997. 拉脊山早古生代海相火山岩与成矿. 武汉：中国地质大学出版社：58-83.

邵厥年，陶维屏，张义勋，2010. 矿产资源工业要求手册. 北京：地质出版社：600-650.

佘宇伟，宋谢炎，于宋月，等，2014. 磁铁矿和钛铁矿成分对四川太和富磷灰石钒钛磁铁矿床成因的约束. 岩石学报，30(5)：1443-1456.

史仁灯，杨经绥，吴才来，等，2004. 北祁连玉石沟蛇绿岩形成于晚震旦世的SHRIMP年龄证据. 地质学报,(5)：649-657.

宋述光，吴珍珠，杨立明，等，2019. 祁连山蛇绿岩带和原特提斯洋演化. 岩石学报，35(10)：2948-2970.

宋学信，1982. 钪的地球化学与铁矿石成因. 矿床地质，2：53-57.

宋志杰, 2019. 中祁连地块北缘托来河一带构造演化研究. 北京: 中国地质大学.

宋忠宝, 杜玉良, 李智明, 等, 2009.青海省矿产资源发育特征概述. 地球科学与环境学报, 31(1): 30-33.

孙静, 杜维河, 王德忠, 等, 2009. 河北承德大庙黑山钒钛磁铁矿床地质特征与成因探讨. 地质学报, 83(9): 1344-1363.

孙军, 刘云龙, 崔滔, 2019. 我国钪矿资源概况及产业发展建议. 资源与产业, 21(2): 74-79.

谭侯铭睿, 黄小文, 漆亮, 等, 2022. 磷灰石化学组成研究进展: 成岩成矿过程示踪及对矿产勘查的指示. 岩石学报, 38(10): 3067-3084.

谭俊峰, 2012. 云南复杂硅酸盐矿物含钪矿物选矿—浸出试验研究. 昆明: 昆明理工大学.

唐名鹰, 丁正江, 彭永和, 等, 2023. 柴北缘阿日特克山铜钼矿床成矿岩体中黑云母和角闪石矿物学特征及其指示意义. 矿床地质, 42(2): 253-266.

陶旭云, 王佳新, 孙嘉, 等, 2019. 钪矿床主要类型与成矿机制. 矿床地质, 38(5): 1023-1038.

万会, 常执政, 万贵龙, 等, 2021. 河北承德地区烟筒山一磴西锌多金属矿床地质特征及找矿方向. 地质与勘探, 57(5): 959-968.

王登红, 赵芝, 于扬, 等, 2013. 离子吸附型稀土资源研究进展、存在问题及今后研究方向. 岩矿测试, 32(5): 796-802.

王龚, 2017. 攀西地区钒钛磁铁矿中稀有分散元素富集规律. 成都: 成都理工大学.

王光宙, 牛新书, 赵春霞, 等, 1997. 以豫南磷矿富集稀土并制饲钙的研究. 无机盐工业, (4): 8-11.

王国强, 李向民, 徐学义, 等, 2011. 青海门源地区红沟铜矿床含矿基性火山岩 LA-ICP-MS 锆石 U-Pb 年龄. 地质通报, 30(7): 1060-1065.

王华, 洪业汤, 朱咏煊, 等, 2002. 黄磷生产中的稀土元素分布. 稀土, 23(4): 8.

王佳媛, 2018. 承德铁马岩体中钪的赋存状态及富集规律研究. 石家庄: 河北地质大学.

王金荣, 2006. 北祁连造山带东段早古生代构造岩浆作用及成矿的研究. 兰州: 兰州大学.

王进寿, 陈鑫, 2024. 南祁连构造带上庄磷稀土钪矿床钪赋存状态及机制. 中国稀土学报: 1-22.

王进寿, 郑有业, 吴正寿, 等, 2015. 青海拉脊山构造带钪矿床的发现. 矿物学报, 35(S1): 937.

王进寿, 安永尉, 付彦文, 等, 2021. 青海省钪资源概况、瓶颈问题及应对策略刍议. 青海科技, 28(6): 45-50.

王进寿, 陈鑫, 朱丹, 等, 2023a. 南祁连上庄磷稀土(铁钪)矿床含矿单斜辉石岩矿物学特征及其对矿床成因的约束. 地球科学与环境学报, 45(5): 1094-1109.

王进寿, 潘彤, 薛万文, 等, 2023b. 青海"三稀"矿床成矿系列、成矿规律与找矿方向. 地球学报, 44(4):723-745.

王进寿, 朱丹, 薛万文, 等, 2024. 青海上庄磷-稀土矿床矿物组成及稀土元素的赋存状态研究. 稀土, 45(3): 86-96.

王利民, 陈佩, 2020. 陕西凤县九子沟岩体稀土钪赋存状态及成岩浅析. 西北地质, 53(3): 86-92.

王瑞江, 王登红, 李健康, 2018. 稀有稀土稀散矿产资源及其开发应用. 北京: 地质出版社.

王涛, 马振慧, 王宗起, 等, 2016. 中祁连拉脊山早古生代沉积岩源区和时代限定. 地质学报, 90(9): 2316-2333.

王小萍, 张铖, 张翔, 等, 2012. 甘肃省石板墩铁矿矿床地质特征及找矿标志. 矿产与地质, 26(5): 417-422.

魏均启, 朱丹, 桂博艺, 等, 2021. 湖北某火山岩型铌矿铌的赋存状态研究. 稀土, 42(3): 64-72.

西北地质科学研究所, 1973. 青海上庄含磷超基性岩岩石特征的研究.

向兆, 2019. 区域地球化学分析配套方法第 15 部分: 电感耦合等离子体质谱法测定钪和 15 项稀土元素. 武汉: 湖北省地质实验测试中心.

肖军辉, 王进明, 王振, 2018. 川西含钪稀土矿中钪的赋存状态研究. 稀土, 39(2): 40-47.

谢燮, 赵国斌, 杨合群, 等, 2018. 甘肃北山孙家岭含钪岩体 LA-ICP-MS 锆石 U-Pb 测年及地质意义. 中国地质, 45(3): 483-492.

邢凯, 舒启海, 2021. 磷灰石在矿床学研究中的应用. 矿床地质, 40(2): 189-205.

徐志豪, 闫国英, 杨宗峰, 等, 2023. 白云鄂博矿床磁铁矿成分标型与深部富铁矿体预测. 地学前缘, 30(2): 426-439.

许延辉, 马升峰, 赵文怡, 等, 2014. 氯化钙焙烧盐酸分解提取白云鄂博选铌尾矿中的钪. 稀土, 35(6): 106-109.

许志琴, 徐惠芬, 张建新, 等, 1994. 北祁连走廊南山加里东俯冲杂岩增生地体及其动力学. 地质学报, 68(1):1-15.

许志琴, 李海兵, 唐哲民, 等, 2011. 大型走滑断裂对青藏高原地体构架的改造. 岩石学报, 27(11): 3157-3170.

闫臻, 王宗起, 李继亮, 等, 2012. 西秦岭楔的构造属性及其增生造山过程. 岩石学报, 28(6): 1808-1828.

闫臻, 牛漫兰, 付长垒, 等, 2021. 拉脊山昂思多蛇绿岩——增生杂岩 1∶25000 专题地质图数据集. 中国地质, 48(S2): 53-65.

阎浩, 江伟华, 刘方芳, 2020. 青海拉脊山晚寒武世六道沟组火山岩岩石地球化学特征分析. 中国矿业, 29(S1): 272-278.

杨合群, 2020. 青海上庄岩浆型磷矿. 西北地质, 53(3): 209.

杨贺, 2016. 中祁连东段早古生代岩浆侵入作用及其深部过程. 北京: 中国地质大学.

杨生德, 潘彤, 李世金, 等, 2011. 青海省磷矿资源潜力评价成果报告. 西宁: 青海省地质矿产勘查开发局.

杨生德, 潘彤, 李世金,等, 2013a. 青海省重要矿种区域成矿规律研究成果报告. 西宁: 青海省地质矿产勘查开发局.

杨生德, 吴正寿, 赵呈祥, 2013b.青海省矿产资源潜力评价成果报告. 西宁: 青海省地质矿产勘查开发局.

杨巍然, 邓清禄, 吴秀玲, 2000. 拉脊山造山带断裂作用特征及与火山岩、蛇绿岩套的关系. 地质科技情报, (2): 5-11.

杨巍然, 邓清禄, 吴秀玲, 2002.南祁连拉脊山造山带基本特征及大地构造属性. 地质学报, (1): 106.

杨中轩, 1993. 南祁连拉脊山北缘逆冲推覆构造带. 石油实验地质, (2): 138-145.

余成涛, 2023. 富 Sc 超镁铁质侵入体的岩浆演化及富集机制: 以青海上庄 Fe-P-REE 矿床为例. 武汉: 中国地质大学.

余金杰, 毛景文, 2002. 宁芜玢岩铁矿磷灰石的稀土元素特征. 矿床地质, 21(1): 65-73.

袁忠信, 何晗晗, 刘丽君, 等, 2016. 国外稀有稀土矿床. 北京: 科学出版社.

云南省自然资源厅, 2017.专家建议云南马鞍底铁矿 "一矿多用". (2017-01-10)[2023-12-12]. http://dnr.yn.gov.cn/html/2023/ziranziyuanxinxi_0110/63.html.

曾广策, 邱家骧, 朱云海, 1997. 拉鸡山造山带的蛇绿岩套及古构造环境. 青海地质, 6(1): 1-6.

曾建元, 杨怀仁, 杨宏仪, 等, 2007. 北祁连东草河蛇绿岩: 一个早古生代的洋壳残片. 科学通报, (7): 825-835.

翟明国, 吴福元, 胡瑞忠, 等, 2019. 战略性关键金属矿产资源: 现状与问题. 中国科学基金, (2): 106-111.

张博文, 2010. 青海南祁连造山带内生金属矿床成矿作用研究. 长春: 吉林大学.

张建新, 许志琴, 1995. 北祁连中段加里东俯冲-增生杂岩/火山弧带及其变形特征. 地球学报, (2): 153-163.

张乐骏, 周涛发, 范裕, 等, 2011.宁芜盆地陶村铁矿床磷灰石的 LA-ICP-MS 研究. 地质学报, 85(5): 834-848.

张培善, 1989. 中国稀土矿床成因类型. 地质科学, (1): 26-32.

张旺生, 冯光胜, 高山, 等, 2003. 拉脊山-化隆变质核杂岩构造及其隆升机制探讨. 地球科学, (4): 407-413.

张玉学, 1982. 阳储岭斑岩钨钼矿床地质地球化学特征及其成因探讨. 地球化学, 11(2): 122-132+217.

张玉学, 1997. 分散元素钪的矿床类型与研究前景. 地质地球化学, (4): 93-97.

张照伟, 李文渊, 高永宝, 等, 2012.南祁连裕龙沟岩体 ID-TIMS 锆石 U-Pb 年龄及其地质意义. 地质通报, 31(2-3): 455-462.

赵长有, 1987. 白云鄂博钪. 包钢科技, (4): 1-4.

赵宏军, 陈秀法, 李娜, 等, 2019. 全球钪资源供需分析及对策建议. 中国矿业, 28(4): 57-62.

赵生贵, 1996. 祁连造山带特征及其构造演化. 甘肃地质学报, (1): 18-19.

赵振华, 严爽, 2019. 矿物——成矿与找矿. 岩石学报, 35(1): 31-68.

钟林汐, 2015. 青海拉脊山中酸性侵入岩的地球化学特征、成岩时代及构造意义. 北京: 中国地质大学.

钟明杰, 1964. 青海拉脊山下古生界的发现. 地质论评, 22(5): 347.

周克林, 付勇, 叶远谋, 等, 2019. 贵州寒武纪早期含磷岩系稀土富集特征. 矿物学报, 39(4): 420-431.

周美夫, 李欣禧, 王振朝, 等, 2020. 风化壳型稀土和钪矿床成矿过程的研究进展和展望. 科学通报, 65(33): 3809-3824.

朱丹, 桂博艺, 王芳, 等, 2021. AMICS 测试技术在铌矿中的应用——以竹溪铌矿为例. 有色金属(选矿部分), 3: 1-7.

朱笑青, 王中刚, 黄艳, 2004. 磷灰石的稀土组成及其示踪意义. 稀土, 25(5): 41-46.

朱昱升, 2016. 辽东赛马碱性杂岩体成因: 对陆壳物质再循环的启示. 北京: 中国科学院大学.

朱智华, 2010. 云南牟定二台坡岩体中钪的发现及其意义. 云南地质, 29(3): 235-244.

Ansari A, 2019. Single crystalline scandium aluminum nitride: an emerging material for 5G acoustic filters. Proceedings of 2019 IEEE MTT-S International Wireless Symposium(IWS). Guangzhou: South China University of Technology: 1-3.

Azadbakht Z, Lentz D R, Mcfarlane C R M, et al., 2020. Using magmatic biotite chemistry to differentiate barren and mineralized Silurian-Devonian granitoids of New Brunswick, Canada. Contributions to Mineralogy and Petrology, 175(7): 69.

Baikey D K, Kearns S, 2002. High-Ti magnetite in some fine-grained carbonatites and the magmatic implications. Mineralogical Magazine, 66(3): 379-384.

Baker E T, Chen Y J, Morgan J P, 1996. The relationship between near-axis hydrothermal cooling and the spreading rate of mid-ocean ridges. Earth and Planetary Science Letters, 142(1-2): 137-145.

Bao Z, Zhao Z, 2008. Geochemistry of mineralization with exchangeable REY in the weathering crusts of granitic rocks in South China. Ore Geology Reviews, 33(3-4): 519-535.

Barton M D, Johnson D A, 1996. Evaporitic-source model for igneous-related Fe oxide–(REE-Cu-Au-U) mineralization. Geology, 24(3): 259-262.

Batki A, Pál-Molnár E, Jankovics M É, et al., 2018. Insights into the evolution of an alkaline magmatic system: an in situ trace element study of clinopyroxenes from the Ditrău Alkaline Massif, Romania. Lithos, 300-301: 51-71.

Beard C D, Goodenough K M, Borst A M, et al., 2023. Alkaline-silicate REE-HFSE systems. Economic Geology, 118(1): 177-208.

Bédard J H, 2005. Partitioning coefficients between olivine and silicate melts. Lithos, 83(3): 394-419.

Bédard J H, 2007. Trace element partitioning coefficients between silicate melts and orthopyroxene:

parameterizations of D variations. Chemical Geology, 244(1): 263-303.

Bédard J H, 2014. Parameterizations of calcic clinopyroxene: melt trace element partition coefficients. Geochemistry, Geophysics, Geosystems, 15(3): 303-336.

Bénard A, Arculus R J, Nebel O, et al., 2017. Silica-enriched mantle sources of subalkaline picrite-boninite-andesite island arc magmas. Geochimica et Cosmochimica Acta, 199: 287-303.

Bell K, Simonetti A, 2010. Source of parental melts to carbonatites-critical isotopic constraints. Mineralogy and Petrology, 98: 77-89.

Belousova E A, Walters S, Griffin W L , et al., 2001. Trace elements signatures of apatites in granitoids from the Mt. Isa Inlier, Northwestern Queensland. Australian Journal of Earth Sciences, 48(4): 603-619.

Belousova E A, Griffin W L, O'Reilly SY, et al., 2002. Apatite as an indicator mineral for mineral exploration: trace-element compositions and their relationship to host rock type. Journal of Geochemical Exploration, 76(1) : 45-69.

Botelho N F, Moura M A, 1998. Granite-ore deposit relationship in Central Brazil. Journal of South American Earth Sciences, 11(5): 427-438.

Bouvier A, Vervoort J D, Patchett P J, 2008. The Lu-Hf and Sm-Nd isotopic composition of CHUR: Constraints from unequilibrated chondrites and implications for the bulk composition of terrestrial planets. Earth and Planetary Science Letters, 273(1): 48-57.

Buddington A F, Lindsley D H, 1964. Iron titanium oxide minerals and synthetic equivalents. Journal of Petrology, 5(2): 310-357.

Burn M, Lanari P, Pettke T, et al., 2017. Non-matrix-matched standardisation in LA-ICP-MS analysis: general approach, and application to allanite Th-U-Pb dating. Journal of Analytical Atomic Spectrometry, 32(7): 1359-1377.

Bykhovsky L, Tigunov L, 2008. August, titanomagnetite ore deposits of Russia—prospects for development and complex use. Geochemistry, Geophysics, Geosystems, 9(8): 15.

Cai P, Chen X, Majka J, et al., 2021. Two stages of crust-mantle interaction during oceanic subduction to continental collision: insights from mafic-ultramafic complexes in the North Qaidam orogen. Gondwana Research, 89: 247-264.

Castelli D, Rubatto D, 2002. Stability of Al- and F- titatite in meta-carbonate: petrologic and isotopic constraints from a polymeta-morphic eclogitic marble of the internal Sesia Zone(Western Alps). Contributions to Mineralogy and Petrology, 142(6): 627-639.

Chakhmouradian A R, Smith M P, Kynicky J, 2015. From "strategic" tungsten to "green" neodymium: a century of critical metals at a glance. Ore Geology Reviews, 64: 455-458.

Chassé M, Griffin W L, Alard O, et al., 2018. Insights into the mantle geochemistry of scandium from a meta-analysis of garnet data. Lithos, 310: 409-421.

Chen C, Liu Y, Foley S F, et al., 2017. Carbonated sediment recycling and its contribution to lithospheric refertilization under the northern North China Craton. Chemical Geology, 466: 641-653.

Chen L, Zhang Y, 2018. In situ major-, trace-elements and Sr-Nd isotopic compositions of apatite from the Luming porphyry Mo deposit, NE China: constraints on the petrogenetic- metallogenic features. Ore Geology Reviews, 94: 93-103.

Chen W T, Zhou M F, Zhao T P, 2013. Differentiation of nelsonitic magmas in the formation of the ~1.74 Ga Damiao Fe–Ti–P ore deposit, North China. Contributions to Mineralogy and Petrology, 165: 1341-1362.

Chin E J, Lee C A, Barnes J D, 2014. Thickening, refertilization, and the deep lithosphere filter in continental arcs: constraints from major and trace elements and oxygen isotopes. Earth and Planetary Science Letters, 397:184-200.

Chu M F, Wang K L, Griffin W L, et al., 2009. Apatite composition: tracing petrogenetic processes in Transhimalayan granitoids. Journal of Petrology, 50(10): 1829-1855.

Cook N, Ciobanu C, George L, et al., 2016. Trace element analysis of minerals in magmatic-hydrothermal ores by laser ablation inductively-coupled plasma mass spectrometry: approaches and opportunities. Minerals, 6: 111.

Corfu F, Hanchar J M, Hoskin P W, et al., 2003. Atlas of zircon textures. Reviews in Mineralogy and Geochemistry, 53(1): 469-500.

Crossingham T, Ubide T, Vasconcelos P, et al., 2018. Parallel plumbing systems feeding a pair of coeval volcanoes in eastern Australia. Journal of Petrology, 59: 1035-1066.

Cui H, Zhong R, Xie Y, et al., 2020. Forming sulfate- and REE-rich fluids in the presence of quartz. Geology, 48(2): 145-148.

Cui J, Tian L, Sun J, et al., 2019. Geochronology and geochemistry of early Palaeozoic intrusive rocks in the Lajishan area of the eastern south Qilian Belt, Tibetan Plateau: implications for the tectonic evolution of South Qilian. Geological Journal, 54(6): 3404-3420.

Dare S A S, Barnes S J, Beaudoin G, 2012.Variation in trace element content of magnetite crystallized from a fractionating sulfide liquid, Sudbury, Canada: implications for provenance discrimination. Geochimica et Cosmochimica Acta, 88: 27-50.

Dare S A S, Barnes S J, Beaudoin G, et al., 2014. Trace element in magnetite as petrogenetic indicators. Mineralium Deposita, 49(7): 785-796.

Dare S A S, Barnes S J , Beaudoin G, 2015. Did the massive magnetite "lava flows" of El Laco(Chile) form by magmatic or hydrothermal processes? New constraints from magnetite composition by LA-ICP-MS. Mineralium Deposita, 50(5): 607-617.

DePaolo D J, 1981. Neodymium isotopes in the Colorado Front Range and crust–mantle evolution in the Proterozoic. Nature, 291(5812): 193-196.

Dessimoz M, Müntener O, Ulmer P, 2011. A case for hornblende dominated fractionation of arc magmas: the Chelan Complex(Washington Cascades). Contributions to Mineralogy and Petrology, 163: 567-589.

Dill H, Melcher F, Gerdes A, et al., 2008. The origin and zoning of hypogene and supergene Fe-Mn-Mg-Sc-U-REE phosphate mineralization from the newly discovered Trutzhofmühle aplite, Hagendorf Pegmatite Province, Germany. Canadian Mineralogist, 46: 1131-1157.

Dill H G, 2010. The "chessboard" classification scheme of mineral deposits: mineralogy and geology from aluminum to zirconium. Earth-Science Reviews, 100: 68-90.

Dill H G, Weber B, Füssl M, et al., 2006. The origin of the hydrous scandium phosphate, kolbeckite, from the Hagendorf-Pleystein pegmatite province, Germany. Mineralogical Magazine, 70(3): 281-290.

Dupuis C, Beaudoin G, 2011. Discriminant diagrams for iron oxide trace element finger printing of mineral deposit types. Mineralium Deposita, 46(4): 319-335.

Dymek R F, Owens B E, 2001. Petrogenesis of apatite-rich rocks(nelsonites and oxide-apatite gabbronorites) associated with massif anorthosites. Economic Geology, 96(4):797-815.

Eby G N, 1973. Scandium geochemistry of the Oka carbonatite complex, Oka, Quebec. American Mineralogist, 58(9-10): 819-825.

Ezzotta F P, Iella V D, Uastoni A G, 2005. Scandium silicates from the Baveno and Cuasso al Monte NYF-granites, Southern Alps(Italy): mineralogy and genetic inferences. American Mineralogist, 90(8-9): 1442-1452.

Fang W, Dai L, Zheng Y, et al., 2020. Tectonic transition from oceanic subduction to continental collision: new geochemical evidence from Early-Middle Triassic mafic igneous rocks in southern Liaodong Peninsula, east-central China. Geological Society of America Bulletin, 132: 1469-1488.

Feng W, Zhu Y, 2018. Petrology and geochemistry of mafic and ultramafic rocks in the north Tianshan ophiolite: implications for petrogenesis and tectonic setting. Lithos, 318-319: 124-142.

Feng W, Zhu Y, 2019. Magmatic plumbing system beneath a fossil continental arc volcano in western Tianshan(NW China): constraints from clinopyroxene and thermodynamic modelling. Lithos, 350-351: 105221.

Fitton J G, Upton B G J, 1987. Alkaline Igneous Rocks. Boston: Blackwell Scientific Publications.

Foord E E, Birmingham S D, Demartin F, et al., 1993. Thortveitite and associated Sc-bearing minerals from Ravalli County, Montana. The Canadian Mineralogist, 31(2): 337-346.

Force E R, 1991. Geology of Titanium-Mineral Deposits. Geological Society of America Special Paper: 1-259.

Foster M D, 1960. Interpretation of the composition trioctahedral micas. United States Government Printing Office, B(354): 1-49.

Frietsch R, 1978. On the magmatic origin of iron ores of the Kiruna type. Economic Geology, 73(4): 1949-1951.

Frietsch R, Perdahl J A, 1995. Rare earth elements in apatite and magnetite in Kiruna-type iron ores and some other iron ore types. Ore Geology Reviews, 9(6): 489-510.

Frost B R, Chamberlain K R, Schumacher J C, 2001. Sphene(titanite): phase relations and role as a geochronometer. Chemical Geology, 172(1-2): 131-148.

Fu C L, Yan Z, Aitchison J C, et al., 2019. Abyssal and suprasubduction peridotites in the Lajishan ophiolite belt: implication for initial subduction of the Proto-Tethyanocean. Geology, 127(4): 393-410.

Fu C L, Yan Z, Wang Z, et al., 2018. Lajishankou ophiolite complex: implications for Paleozoic multiple accretionary and collisional events in the South Qilian Belt. Tectonics, 37(5): 1321-1346.

Fu C L, Yan Z, Aitchison J C, et al., 2022. Relics of a Cambrian oceanic arc in the Lajishan suture, NE Tibetan Plateau: evidence for early-stage subduction within the Proto-Tethyan Ocean. Palaeogeography, Palaeoclimatology, Palaeoecology, 585: 110713.

Fu D, Kusky T, Wilde S A, et al., 2019. Early Paleozoic collision-related magmatism in the eastern North Qilian orogen, northern Tibet: a linkage between accretionary and collisional orogenesis. Bulletin, 131(5-6): 1031-1056.

Furman T, Graham D, 1999. Erosion of lithospheric mantle beneath the East African Rift system: geochemical evidence from the Kivu volcanic province//Hilst R D V D, McDonough W F. Developments in Geotectonics. Amsterdam: Elsevier, 24: 237-262.

Ganino C, Arndt N T, Zhou M F, et al., 2008. Interaction of magma with sedimentary wall rock and magnetite ore genesis in the Panzhihua mafic intrusion, SW China. Mineralium Deposita, 43(6): 677-694.

Geijer P, 1960. The Kiruna Iron Ores. Sulfides and Iron Ores of Västerbotten and Lappland, Northern Sweden, Guide Book to Excursion No. A27 and C22. In: Grip, et al. IGC Geological Survey of Sweden: 24-38.

Gjata K, Shallo M, Neziraj A, et al., 1995. Geological Section in Western Type Ophiolites. Workshop on Albanian Ophiolites and Related Mineralization. IUGS / UNESCO Modelling Progmamme. Documents du BRGM, 244: 121-138.

Goldstein S L, Onions R K, Hamilton P J, 1984. A Sm-Nd isotopic study of Atmospheric dusts and

Particulates from major river Systems.Earth and Planetary Science Letters, 70(2): 221-236.

Guillou-Frottier L, Burov E, Augé T, et al., 2014. Rheological conditions for emplacement of Ural-Alaskan-type ultramafic complexes. Tectonophysics, 631: 130-145.

Gulley A L, Nassar N T, Xun S, 2018. China, the United States, and competition for resources that enable emerging technologies. Proceedings of the National Academy of Sciences, 115(16): 4111-4115.

Günther D, Heinrich C A, 1999. Enhanced sensitivity in laser ablation-ICP mass spectrometry using helium-argon mixtures as aerosol carrier. Journal of Analytical Atomic Spectrometry, 14(9): 1363-1368.

Halama R, Marks M, Brügmann G, et al., 2004. Crustal contamination of mafic magmas: evidence from a petrological, geochemical and Sr-Nd-Os-O isotopic study of the Proterozoic Isortoq dike swarm, South Greenland. Lithos, 74(3-4): 199-232.

Halkoaho T, Ahven M, Rämö O T, et al., 2020. Petrography, geochemistry, and geochronology of theSc-enriched Kiviniemi ferrodiorite intrusion, eastern Finland. Mineralium Deposita, 55(8): 1561- 1580.

Wedepohl K H, 1995. The composition of the continental crust. Geochimica et Cosmochimica Acta, 59(7): 1217-1232.

Hanyu T, Tatsumi Y, Nakai S, et al., 2006. Contribution of slab melting and slab dehydration to magmatism in the NE Japan arc for the last 25 Myr: constraints from geochemistry. Geochemistry Geophysics Geosystems, 7: 1-29.

Harlov D, Tropper P, Seifert W, et al., 2006. Formation of Al-rich titanite($CaTiSiO_4O$-$CaAlSiO_4OH$) reaction rims on ilmenite in metamorphic rocks as a function of fH_2O and fO_2. Lithos, 88(1-4): 72-84.

He X F, Santosh M, Tsunogae T, et al., 2018. Magnetite-apatite deposit from Sri Lanka: implications on Kiruna-type mineralization associated with ultramafic intrusion and mantle metasomatism. American Mineralogist, 103(1): 26-38.

Hedrick J B, 2010a. Minerals Yearbook–Rare Earths. Reston, VA: U.S. Geological Survey.

Hedrick J B, 2010b. Scandium Mineral Commodity Summaries. Reston, VA: U.S. Geological Survey.

Henry D J, Guidotti C V, Thomoson J A, 2005. The Ti-saturation surface for low-to-medium pressure metapelitic biotites: implications for geothermometry and Ti substitution mechanisms. American Mineral, 90(2-3): 316-328.

Herz N, Valentine L B, 1970. Rutile in the Harford Country, Maryland, Serpentine Belt. U.S. Geological Survey Professional Paper 700-C: 43-48.

Hofmann A W, 1988. Chemical differentiation of the Earth: the relationship between mantle, continental crust, and oceanic crust. Earth and Planetary Science Letters, 90(3): 297-314.

Hopkinson L, Roberts S, 1995. Ridge axis deformation and coeval melt migration with layer 3 gabbros: evidence from the Lizard Complex, U. K. Contributions to Mineralogy and Petrology, 121(2): 126-138.

Hoskin P W O, Schaltegger U, 2003. The composition of zircon and igneous and metamorphic petrogenesis. Reviews in Mineralogy & Geochemistry, 53(1): 27-62.

Hou Q Y, Zhang H, Zhang B R, et al., 2005. Characteristics and tectonic affinity of Lajishan paleo-mantle in Qilian orogenic belt: a geochemical study of basalts. Earth Science-Journal of China University of Geosciences, 30: 61-70.

Hovis G L, Harlov D E, 2010. Solution calorimetric investigation of fluorchlorapatite crystalline solutions. American Mineralogist, 95(7): 946-952.

Howarth G H, Taylor L A, 2016. Multi-stage kimberlite evolution tracked in zoned olivine from the Benfontein sill, South Africa. Lithos, 262: 384-397.

Hu G, Li Y, Fan C, et al., 2015. In situ LA-MC-ICP-MS boron isotope and zircon U-Pb age determinations of Paleoproterozoic borate deposits in Liaoning Province, northeastern China. Ore Geology Reviews, 65: 1127-1141.

Hu J, Gong W, Wu S, et al., 2014. LA-ICP-MS zircon U-Pb dating of the Langshan Group in the northeast margin of the Alxa block, with tectonic implications. Precambrian Research, 255: 756-770.

Hu Z, Liu Y, Gao S, et al., 2012. Improved in situ Hf isotope ratio analysis of zircon using newly designed X skimmer cone and jet sample cone in combination with the addition of nitrogen by laser ablation multiple collector ICP-MS. Journal of Analytical Atomic Spectrometry, 27(9): 1391-1399.

Hu Z, Zhang W, Liu Y, et al., 2015. "Wave" signal-smoothing and mercury-removing device for laser ablation quadrupole and multiple collector ICPMS analysis: application to lead isotope analysis. Analytical Chemistry, 87(2): 1152-1157.

Huang C, Wang H, Yang J H, et al., 2020. SA01–a proposed zircon reference material for microbeam U‐Pb age and Hf-O isotopic determination. Geostandards and Geoanalytical Research, 44(1): 103-123.

Huang H, Niu Y, Nowell G, et al., 2015. The nature and history of the Qilian Block in the context of the development of the Greater Tibetan Plateau. Gondwana Research, 28(1): 209-224.

Huang X G, Luo G Q, Li Y P. 2016. Study on the occurrence state of scandium in Panxi vanadium-titanium magnetite. Nonferrous Metals: Mineral Process Section, 6: 1-10.

Hughes J M, Rakovan J F, 2002. The crystal structure of apatite, $Ca_5(PO_4)_3(F, OH, Cl)$. Reviews in Mineralogy and Geochemistry, 48(1): 1-12.

Hughes J M, Rakovan J F, 2015. Structurally robust, chemically diverse: apatite and apatite supergroup minerals. Elements, 11(3): 165-170.

Kohn M J, Rakovan J, Hughes J, et al., 2002. Phosphates: Geochemical, Geobiological and Materials Importance. Washington DC: Mineralogical Society of America: 293-334.

Imai A, Listanco E L, Fujii T, 1993. Petrologic and sulfur isotopic significance of highly oxidized and sulfur-rich magma of Mt. Pinatubo, Philippines. Geology, 21(8): 699-702.

Ivanyuk G Y, Kalashnikov A O, Pakhomovsky Y A, et al., 2016. Economic minerals of the Kovdor baddeleyite-apatite-magnetite deposit, Russia: mineralogy, spatial distribution and ore processing optimization. Ore Geology Reviews, 77: 279-311.

Jacobsen S B, Wasserburg G J, 1984. Sm-Nd isotopic evolution of chondrites and achondrites, II. Earth and Planetary Science Letters, 67(2): 137-150.

Jankovics M É, Taracsák Z, Dobosi G, et al., 2016. Clinopyroxene with diverse origins in alkaline basalts from the western Pannonian Basin: implications from trace element characteristics. Lithos, 262: 120-134.

Ji W Q, Wu F Y, Chung S L, et al., 2016. Eocene Neo-Tethyan slab breakoff constrained by 45 Ma oceanic island basalt-type magmatism in southern Tibet. Geology, 44(4): 283-286.

Jones A P, Genge M, Carmody L, 2013. Carbonate melts and carbonatites. Reviews in Mineralogy and Geochemistry, 75(1): 289-322.

Jonsson E, Troll V R, Högdahl K, et al., 2013. Magmatic origin of giant 'Kiruna-type' apatite-iron-oxide ores in central Sweden. Scientific Reports, 3: 1644.

Kalashnikov A O, Yakovenchuk V N, Pakhomovsky Y A, et al., 2016. Scandium of the Kovdor baddeleyite-apatite-magnetite deposit(Murmansk Region, Russia): mineralogy, spatial distribution, and potential resource. Ore Geology Reviews, 72: 532-537.

Kempe U, Wolf D, 2006. Anomalously high Sc contents in ore minerals from Sn-W deposits: possible economic significance and genetic implications. Ore Geology Reviews, 28(1): 103-122.

Kepezhinskas P, McDermott F, Defant M J, et al., 1997. Trace element and Sr-Nd-Pb isotopic constraints on a three-component model of Kamchatka Arc petrogenesis. Geochimica et Cosmochimica Acta, 61(3): 577-600.

Knipping J L, Bilenker L D, Simon A C, et al., 2015. Trace elements in magnetite from massive iron oxide-apatite deposits indicate a combined formation by igneous and magmatic-hydrothermal processes. Geochimica et Cosmochimica Acta, 171: 15-38.

Knorring O V, Sahama T G, Lehtinen M, 1969. Scandian ixiolite from Mozambique and Madagascar. Bulletin of the Geological Society of Finland, 41: 75-77.

Krause J, Brügmann G E, Pushkarev E V, 2007. Accessory and rock forming minerals monitoring the evolution of zoned mafic-ultramafic complexes in the central Ural Mountains. Lithos, 95(1): 19-42.

Krishnamurthy P, 2017. Carbonatites-alkaline rocks and associated mineral deposits. Journal of the Geological Society of India, 91(2): 259-260.

Kumar S, Pathak M, 2010. Mineralogy and geochemistry of biotites from Proterozoic granitiods of western Arunachal Himalaya: evidence of bimodal granitogeny and tectonic affinity. Journal of Geological Society of India, 75(5): 715-730.

Kushiro I, 1960. Si-Al relation in clinopyroxenes from igneous rocks. American Journal of Science, 258(8): 518-551.

La Flèche M R, Camiré G, Jenner G A, 1998. Geochemistry of post-Acadian, Carboniferous continental intraplate basalts from the Maritimes Basin, Magdalen Islands, Québec, Canada. Chemical Geology, 148(3-4): 115-136.

Le Bas M J, 1962. The role of aluminum in igneous clinopyroxenes with relation to their parentage. American Journal of Science, 260(4): 267-288.

Li C, Ripley E M, Thakurta J, et al., 2013. Variations of olivine Fo-Ni contents and highly chalcophile element abundances in arc ultramafic cumulates, southern Alaska. Chemical Geology, 351: 15-28.

Li J, Niu Y, Chen S, et al., 2017. Petrogenesis of granitoids in the eastern section of the Central Qilian Block: evidence from geochemistry and zircon U-Pb geochronology. Mineralogy and Petrology, 111: 23-41.

Li L, Li H M, Cui Y H, et al., 2012. Geochronology and petrogenesis of the Gaositai Cr-bearing ultramafic complex, Hebei Province. Acta Petrologica Sinica, 28: 3757-3771.

Li X C, Yang K F, Spandler C, et al., 2021. The effect of fluid-aided modification on the Sm-Nd and Th-Pb geochronology of monazite and bastnäsite: implication for resolving complex isotopic age data in REE ore systems. Geochimica et Cosmochimica Acta, 300: 1-24.

Li X H, Zeng Z, Yang H F, et al., 2020. Integrated major and trace element study of clinopyroxene in basic, intermediate and acidic volcanic rocks from the middle Okinawa Trough: insights into petrogenesis and the influence of subduction component. Lithos, 352-353: 105320.

Li Z, Li Y, Zhao L, et al., 2018. Petrology and metamorphic *P-T* paths of metamorphic zones in the Huangyuan Group, Central Qilian Block, NW China. Journal of Earth Science, 29(6): 1280-1292.

Litvak V D, Poma S, 2010. Geochemistry of mafic Paleocene volcanic rocks in the Valle del Cura region: implications for the petrogenesis of primary mantle-derived melts over the Pampean flat-slab. Journal of South American Earth Sciences, 29(3): 705-716.

Liu S, Fan H R, Santosh M, et al., 2023. Geological resources of scandium: a review from a Chinese perspective. International Geology Review. DOI: 10.1080/00206814.2023.2169842.

Liu Y S, Hu Z Q, Gao S, et al., 2008. In situ analysis of major and trace elements of anhydrous minerals by LA-ICP-MS without applying an internal standard. Chemical Geology, 257(1-2): 34-43.

Liu Y S, Gao S, Hu Z Q, et al., 2010a. Continental and oceanic crust recycling-induced melt-peridotite interactions in the Trans-North China Orogen: U-Pb dating, Hf isotopes and trace elements in zircons from mantle xenoliths. Journal of Petrology, 51(1-2): 537-571.

Liu Y S, Hu Z C, Zong K Q, et al., 2010b. Reappraisement and refinement of zircon U-Pb isotope and trace element analyses by LA-ICP-MS. Chinese Science Bulletin, 55(15): 1535-1546.

Ludwig K R, 2003. User's manual for IsoPlot 3.0: a geochronological toolkit for Microsoft Excel. Berkeley CA: Berkeley Geochronology Center: 71.

Luo T, Hu Z, Zhang W, et al., 2018a. Reassessment of the influence of carrier gases He and Ar on signal intensities in 193 nm excimer LA-ICP-MS analysis. Journal of Analytical Atomic Spectrometry, 33(10): 1655-1663.

Luo T, Hu Z, Zhang W, et al., 2018b. Water vapor-assisted "Universal" nonmatrix-matched analytical method for the in situ U-Pb dating of zircon, monazite, titanite, and xenotime by laser ablation-inductively coupled plasma mass spectrometry. Analytical Chemistry, 90(15): 9016-9024.

Luo Y, Millero F J, 2004. Effects of temperature and ionic strength on the stabilities of the first and second fluoride complexes of yttrium and the rare earth elements. Geochimica et Cosmochimica Acta, 68(21): 4301-4308.

Ma C, Rossman G, 2009. Davisite, $CaScAlSiO_6$, a new pyroxene from the Allende meteorite. American Mineralogist, 94: 845-848.

Ma X, Chen B, Chen J, et al., 2014. Petrogenesis and geodynamic significance of the late Palaeozoic Dongwanzi Complex, North China Craton: constraints from petrological, geochemical, and Os-Nd-Sr isotopic data. International Geology Review, 56: 1521-1540.

McCarron T, Gaidies F, McFarlane C R M, et al., 2014. Coupling thermodynamic modeling and high-resolution in situ LA-ICP-MS monazite geochronology: evidence for Barrovian metamorphism late in the Grenvillian history of southeastern Ontario. Mineralogy and Petrology, 108(6): 741-758.

McCarty R J, Stebbins J F, 2017. Constraints on aluminum and scandium substitution mechanisms in forsterite, periclase, and larnite: high-resolution NMR. American Mineralogist, 102(6): 1244-1253.

Melcher F, Dill H, Wirth R, et al., 2017. New Sc-rich phosphate minerals from the Trutzhofmühle aplite, NE Bavaria, Germany. Mitteilungen der Österreichischen Mineralogischen Gesellschaft, 163: 64.

Mitsis I, Economou E M, 2001. Occurrence of apatite associated with magnetite in an ophiolite complex(Othrys), Greece. American Mineralogist, 86(10): 1143-1150.

Mollo S, Forni F, Bachmann O, et al., 2016. Trace element partitioning between clinopyroxene and trachy-phonolitic melts: a case study from the Campanian Ignimbrite(Campi Flegrei, Italy). Lithos, 252-253:160-172.

Monir M A, Nabawia A M, 1999. Recovery of lanthanides from Abu Tartur phosphate rock, Egypt. Hydrometallurgy, 52: 199.

Morimoto N, 1988. Nomenclature of pyroxenes. Mineralogical Magazine, 52(367): 535-550.

Mukasa S B, Blatter D L, Andronikov A V, 2007. Mantle peridotite xenoliths in andesite lava at El Peñon, central Mexican Volcanic Belt: isotopic and trace element evidence for melting and metasomatism in the mantle wedge beneath an active arc. Earth and Planetary Science Letters, 260(1):37-55.

Nachit H, Ibhi A, Abia E H, et al., 2005. Discrimination between primary magmatic biotites, reequilibrated biotites and neoformed biotites. Comptes Rendus Geoscience, 337(16): 1415-1420.

Nadoll P, Angerer T, Mauk J L, et al., 2014. The chemistry of hydrothermal magnetite: a review . Ore Geology Reviews, 61: 1-32.

Nandedkar R H, Ulmer P, Müntener O, 2014. Fractional crystallization of primitive, hydrous arc magmas: an experimental study at 0.7 GPa. Contributions to Mineralogy and Petrology, 167(6): 1015.

Nazzareni S, Skogby H, Halenius U, 2013. Crystal chemistry of Sc-bearing synthetic diopsides. Physics and Chemistry of Minerals, 40: 789-798.

Niu M, Cai Q, Li X, et al., 2021. Early Paleozoic tectonic transition from oceanic to continental subduction in the North Qaidam tectonic belt: constraints from geochronology and geochemistry of syncollisional magmatic rocks. Gondwana Research, 91: 58-80.

O'Sullivan G, Chew D, Kenny G, et al., 2020.The trace element composition of apatite and its application to detrital provenance studies. Earth-Science Review, 201: 103044.

Oreskes N, Einaudi M T, 1990. Origin of rare earth element-enriched hematite breccias at the Olympic Dam Cu-U-Au-Ag deposit, Roxby Downs, South Australia. Economic Geology, 85(1): 1-28.

Pan Y, Fleet M E, 2002. Compositions of the apatite group minerals: substitution mechanisms and controlling factors. Reviews in Mineralogy, 48(1): 13-49.

Parat F, Holtz F, 2004. Sulfur partitioning between apatite and melt and effect of sulfur on apatite solubility at oxidizing condition. Contributions to Mineralogy and Petrology, 147(2): 201-212.

Parsapoor A, Khalili M, Tepley F, et al., 2015. Mineral chemistry and isotopic composition of magmatic, Re-equilibrated and hydrothermal biotites from Darreh-Zar porphyry copper deposit, Kerman(Southeast of Iran) . Ore Geology Review, 66: 200-218.

Pearce J A, 2008. Geochemical fingerprinting of oceanic basalts with applications to ophiolite classification and the search for Archean oceanic crust. Lithos, 100(1-4): 14-48.

Peng G, Luhr J F, Mcgee J J, 1997. Factors controlling sulfur concentrations in volcanic apatite. American Mineralogist, 82(11-12): 1210-1224.

Petrella L, Williams-Jones A E, Goutier J, 2014. The nature and origin of the rare earth element mineralization in the Misery syenitic intrusion, northern Quebec, Canada. Economic Geology, 109(6): 1643-1666.

Philpotts A R, 1967. Origin of certain iron-titanium oxide and dapatite rocks. Economic Geology, 62(3): 303 -315.

Piccoli P M, Candela P A, 2002. Apatite in igneous systems. Reviews in Mineralogy and Geochemistry, 48(1): 255-292.

Pochon A, Poujol M, Gloaguen E, et al., 2016. U-Pb LA-ICP-MS dating of apatite in mafic rocks: evidence for a major magmatic event at the Devonian-Carboniferous boundary in the Armorican Massif(France). American Mineralogist, 101(11): 2430-2442.

Pollard P J, 2006. An intrusion-related origin for Cu-Au mineralization in iron oxide-copper-gold (IOCG) provinces. Mineralium Deposita, 41(2): 179-187.

Prouteau G, Scaillet B, Pichavant M, et al., 2001. Evidence for mantle metasomatism by hydrous silicic melts derived from subducted oceanic crust. Nature, 410(6825):197-200.

Qi Z, Yu C J, Dejin Z, et al., 1998. Geochemical characteristics and genesis of Dachadaban ophiolite in North Qilian area. Science in China Series D: Earth Sciences, 41: 277-281.

Rapp R P, Shimizu N, Norman M D, et al., 1999. Reaction between slab-derived melts and peridotite in the mantle wedge: experimental constraints at 3.8 GPa. Chemical Geology, 160(4): 335-356.

Ray G E, Webster I C L, 2007. Geology and chemistry of the low Ti magnetite bearing Heff Cu-Au skarn and its associated plutonic rocks, Heffley Lake, South Central British Columbia. Exploration and Mining Geology, 163(3-4): 159-186.

Ribbe P H, 1980. Titanite. Reviews in Mineralogy and Geochemistry, 5(1): 137-154.

Rønsbo, 1989. Coupled substitutions involving REEs and Na and Si in apatites in alkaline rocks from the Ilimaussag instrusion, south Greenland, and the petrological implications. American Mineralogist, 74(7-8): 896-901.

Rudnick R L, Fountain D M, 1995. Nature and composition of the continental crust: a lower crustal perspective. Reviews of Geophysics, 33(3): 267-309.

Rudnick R L, Gao S, 2003. Composition of the continental crust//Holland H D, Turekian K K. Treatise on Geochemistry. Oxford: Elsevier-Pergamon: 1-64.

Rudnick R L, Gao S, Holland H D, et al., 2003. Treatise on geochemistry. The Crust, 3: 1-64.

Salters V J M, Stracke A, 2003. Composition of the depleted mantle. Geochemistry, Geophysics,

Geosystems, 5(5): 1-21.

Scott D J, St-Onge M R, 1995. Constraints on Pb closure temperature in titanite based on rocks from the Ungava orogen, Canada: implications for U-Pb geochronology and *PTt* path determinations. Geology, 23(12): 1123-1126.

Secchiari A, Montanini A, Bosch D, et al., 2018. The contrasting geochemical message from the New Caledonia gabbronorites: insights on depletion and contamination processes of the sub-arc mantle in a nascent arc setting. Contributions to Mineralogy and Petrology, 173(8): 66.

Sha L K, Chappell B W, 1999. Apatite chemical composition determined by electron microprobe and laser-ablation inductively coupled plasma mass spectrometry as a probe into granite petrogenesis. Geochim Cosmochim Acta, 63(22): 3861-3881.

Shannon R D, 1976. Revised effective ionic radii and systematic studies of interatomic distances in halides and chalcogenides. Foundations of Crystallography, 32(5): 751-767.

Shchekina T I, Gramenitskii E N, 2008. Geochemistry of Sc in the magmatic process: experimental evidence. Geochemistry International, 46(4): 351-366.

Sievwright R H, Wilkinson J J, Oneill H S, et al., 2017. Thermodynamic controls on element partitioning between titanomagnetite and andesitic-dacitic silicate melts. Contributions to Mineralogy and Petrology, 172(8): 62.

Sillitoe R H, Burrows D R, 2002. New field evidence bearing on the origin of the El Laco magnetite deposit, northern Chile. Economic Geology, 97(5): 1101-1109.

Smith M, 2000. Preliminary fluid inclusion constraints on fluid evolution in the Bayan Obo Fe-REE-Nb deposit, Inner Mongolia, China. Economic Geology, 95: 1371-1388.

Song S G, Niu Y, Su L, et al., 2013. Tectonics of the North Qilian Orogen, NW China. Gondwana Research, 23:1378-1401.

Song S G, Niu Y L, Su L, et al., 2014. Continental orogenesis from ocean subduction, continent collision/subduction, to orogen collapse, and orogen recycling: the example of the North Qaidam UHPM belt, NW China. Earth-Science Reviews, 129: 59-84.

Song W L, Xu C, Smith M P, et al., 2018. Genesis of the world's largest rare earth element deposit, Bayan Obo, China: protracted mineralization evolution over ~1 b.y. Geology, 46(4): 323-326.

Spandler C, Hammerli J, Sha P, et al., 2016. MKED1: a new titanite standard for in situ analysis of Sm-Nd isotopes and U-Pb geochronology. Chemical Geology, 425: 110-126.

Spera F, Bohrson W, 2018. Rejuvenation of crustal magma mush: a tale of multiply nested processes and timescales. American Journal of Science, 318: 90-140.

Steffenssen G, 2018. The distribution and enrichment of scandium in garnets from the Tørdal pegmatites, and its economic implications. Oslo: University of Oslo: 1-111.

Stone D, 2000. Temperature and pressure variations in suites of Archean felsic plutonic rocks, Berens River Area, northwest Superior Province, Ontario, Canada. The Canadian Mineralogist, 38(2): 455-470.

Streck M, 2008. Mineral textures and zoning as evidence for open system processes. Reviews in Mineralogy & Geochemistry, 69: 595-622.

Sun S S, McDonough W, 1989. Chemical and isotopic systematics of oceanic basalts: implications for mantle composition and processes. Geological Society, Special Publications, 42(1): 313-345.

Svetov S, Chazhengina S, Stepanova A, 2020. Geochemistry and texture of clinopyroxene phenocrysts from Paleoproterozoic picrobasalts, Karelian Craton, Fennoscandian Shield: records of magma mixing processes. Minerals, 10: 434.

Symington N J, Weinberg R F, Hasalová P, et al., 2014. Multiple intrusions and remelting-remobilization events in a magmatic arc: the St. Peter Suite, South Australia. Bulletin, 126(9-10): 1200-1218.

Tarkhanov A V, Kulayev A R, Petrin A V, 1992. The Zheltorechensk vanadium-scandium deposit. International Geology Review, 34(5): 496-502.

Taylor R D, Shah A K, Walsh G J, 2019. Iron oxide-apatite waste piles as unconventional rare earth element resources in the Eastern Adirondack Highlands, New York. 54th Annual GSA Northeastern Section Meeting-2019.

Teitler Y, Cathelineau M, Ulrich M, et al., 2019. Petrology and geochemistry of scandium in New Caledonian Ni-Co laterites. Journal Geochemical Exploration, 196: 131-155.

Thakurta J, Ripley E, Li C, 2008. Geochemical constraints on the origin of sulfide mineralization in the Duke Island Complex, southeastern Alaska. Geochemistry Geophysics Geosystems, 9(7): Q07003.

Tiepolo M , Oberti R , Vannucci R, 2002.Trace-element incorporation in titanite: constraints from experimentally determined solid/liquid partition coefficients. Chemical Geology, 191(1-3): 105-119.

Toplis M J, Dingwell D B, Libourel G, 1994. The effect of phosphorus on the iron redox ratio, viscosity, and density of an evolved ferro basalt. Contributions to Mineralogy and Petrology, 117(3): 293-304.

Tornos F, Velasco F, Hanchar J M, 2016. Iron-rich melts, magmatic magnetite, and superheated hydrothermal systems: the El Laco deposit, Chile. Geology, 44(6): 427-430.

Tornos F, Velasco F, Hanchar J M. 2017. The magmatic to magmatic-hydrothermal evolution of the El Laco deposit(Chile) and its implications for the genesis of magnetite-apatite deposits. Economic Geology, 112(7): 1595-1628.

Travisany V, Henriquez F, Nystroem J O, 1995. Magnetite lava flows in the Pleito-Melon district of the Chilean iron belt. Economic Geology, 90(2): 438-444.

Tropper P, Manning C E, Essene E J, 2002. The substitution of Al and F in titanite at high pressure and temperature: experimental constraints on phase relations and solid solution properties. Journal of Petrology, 43(10): 1787-1814.

Tsikouras B, Lai C K, Ifandi E, et al., 2021. New zircon radiometric U-Pb ages and Lu-Hf isotopic data from the ultramafic-mafic sequences of Ranau and Telupid(Sabah, eastern Malaysia): time to reconsider the geological evolution of Southeast Asia?. Geology, 49(7): 789-793.

Tsujimori T, Liou J G, Wooden J, et al., 2005. U-Pb dating of large zircons in low-temperature jadeitite from the Osayama serpentinite mélange, southwest Japan: insights into the timing of serpentinization. International Geology Review, 47(10): 1048-1057.

U.S. Geological Survey, 2019. Rare Earths//Mineral Commodity Summaries. Reston, VA: U.S. Geological Survey: 132-134.

U.S. Geological Survey, 2020. Mineral commodity summaries 2020. Reston, VA: U.S. Geological Survey.

U.S. Geological Survey, 2022. Mineral commodity summaries 2022. Reston, VA: U.S. Geological Survey.

U.S. Geological Survey, 2024. Mineral commodity summaries 2024. Reston, VA: U.S. Geological Survey.

Ubide T, Galé C, Larrea P, et al., 2014. Antecrysts and their effect on rock compositions: the Cretaceous lamprophyre suite in the Catalonian Coastal Ranges(NE Spain). Lithos, 206-207: 214-233.

Vermeesch P, 2018. Isoplot: a free and open toolbox for geochronology. Geoscience Frontiers, 9(5): 1479-1493.

Vervoort J D, Kemp A I S, 2016. Clarifying the zircon Hf isotope record of crust mantle evolution. Chemical Geology, 425: 65-75.

Vignola P, Rotiroti N, Hatert F, et al., 2019. Jervisite, $NaScSi_2O_6$: optical data, morphology, Raman spectroscopy, and crystal chemistry. The Canadian Mineralogist, 57(4): 489-498.

Villiger S, Ulmer P, Müntener O, et al., 2004. The liquid line of descent of anhydrous, mantle-derived, tholeiitic liquids by fractional and equilibrium crystallization—an experimental study at 1.0 GPa. Journal of Petrology, 45(12): 2369-2388.

Vuorinen J H, Hålenius U, 2005. Nb-, Zr-and LREE-rich titanite from the Alnö alkaline complex: crystal chemistry and its importance as a petrogenetic indicator. Lithos, 83(1-2): 128-142.

Wang C C, Liu Y C, Zhang P G, et al., 2017. Zircon U-Pb geochronology and geochemistry of two types of Paleoproterozoic granitoids from the southeastern margin of the North China Craton: constraints on petrogenesis and tectonic significance. Precambrian Research, 303: 268-290.

Wang C Y, Zhang Q, Qian Q, et al., 2005. Geochemistry of the Early Paleozoic Baiyin volcanic rocks(NW China): implications for the tectonic evolution of the north Qilian orogenic belt. Journal of Geology, 113: 83-94.

Wang J S, Chen X, Xue W W, et al., 2023. The giant Shangzhuang REE-Rich apatite deposit, western China: genesis by ultramafic magma differentiation.Geological Journal, 58(10): 3790-3805.

Wang M X, Jiang C Y, Xia M Z, et al, 2017. Petrogenesis of the Fe-P-REE mineralized Shangzhuang ultramafic intrusion in the Lajishan tectonic belt, South Qilian Belt: implications for mantle metasomatism and tectonic setting. Geological Journal, 52: 314-328.

Wang Z C, Li M Y H, Liu Z R, et al., 2021. Scandium: ore deposits, the pivotal role of magmatic enrichment and future exploration. Ore Geology Reviews, 128: 103906.

Wang Z C, Zhou M F, Li M Y H, et al., 2022. Kinetic controls on Sc distribution in diopside and geochemical behavior of Sc in magmatic systems. Geochimica et Cosmochimica Acta, 325: 316-332.

Webster J D, Piccoli P M, 2015. Magmatic apatite: a powerful, yet deceptive, mineral. Elements, 11(3): 177-182.

Wedepohl K H, 1995.The composition of the continental crust. Geochimica et Cosmochimica Acta, 59(7): 1217-1232.

Weidner J R, 1982. Iron-oxide magmas in the system Fe-C-O. Canadian Mineralogist, 20: 555-566.

Wiedenbeck M A P C, Alle P, Corfu F Y, et al., 1995. Three natural zircon standards for U‐Th‐Pb, Lu-Hf, trace element and REE analyses. Geostandards Newsletter, 19(1): 1-23.

Williams P J, Barton M D, Johnson D A, et al., 2005. Iron oxide copper-gold deposits: geology, space-time distribution, and possible modes of origin//Goldfarb F H, Richards J P. Economic Geology, 100th Anniversary Volume 1905-2005. Littleton, CO: Society of Economic Geologists: 371-405.

Williams-Jones A E, Migdisov A A, 2014. Experimental constraints on the transport and deposition of metals in ore-forming hydrothermal systems. Society of Economic Geologists, Inc., Special Publication 18, Chapter 5: 77-95.

Williams-Jones A E, Vasyukova O V, 2018. The economic geology of scandium, the runt of the rare earth element litter. Economic Geology, 113(4): 973-988.

Williams-Jones A E, Migdisov A A, Samson I M, 2012. Hydrothermal mobilisation of the rare earth elements—a tale of "ceria" and "yttria". Elements, 8(5): 355-360.

Wilson M, 1989. Igneous Petrogenesis. Dordrecht: Springer Netherlands.

Wones D R, Eugster H P, 1965. Stability of biotite: experiment, theory and application. American Mineralogist, 50(9): 1228-1272.

Wood B J, Blundy J D, 2002. The effect of H_2O on crystal-melt partitioning of trace elements. Geochimica et Cosmochimica Acta, 66(20): 3647-3656.

Woolley A, 2001. Sanchez Cela Densialite: a new upper mantle: Zaragoza. Mineralogical Magazine, 65(2): 321-322.

Wu Y, Zheng Y, 2004. Genesis of zircon and its constraints on interpretation of U-Pb age. Chinese Science Bulletin, 49: 1554-1569.

Xiao W, Windley B F, Yong Y, et al., 2009. Early Paleozoic to Devonian multiple-accretionary model for the Qilian Shan, NW China. Journal of Asian Earth Sciences, 35(3-4): 323-333.

Xie Y L, Verplanck P L, Hou Z, et al., 2019. Rare earth element deposits in China: a review and new understandings. Society of Economic Geologists Special Publication, 22: 509-552.

Xing K, Shu Q H, Lentz D R, et al., 2020. Zircon and apatite geochemical constraints on the formation of the Huojihe porphyry Mo deposit in the Lesser Xing'an Range, NE China. American Mineralogist, 105(3): 382-396.

Xu L, Hu Z, Zhang W, et al., 2014. In situ Nd isotope analyses in geological materials with signal enhancement and non-linear mass dependent fractionation reduction using laser ablation MC-ICP-MS. Journal of Analytical Atomic Spectrometry, 30: 1-16.

Xu Z Q, Yang J S, Wu C L, et al., 2006. Timing and mechanism of formation and exhumation of the Northern Qaidam ultrahigh-pressure metamorphic belt. Journal of Asian Earth Sciences, 28(2): 160-173.

Yan Z, Wang Z, Li J, et al., 2012. Tectonic settings and accretionary orogenesis of the West Qinling Terrane, northeastern margin of the Tibet Plateau. Acta Petrologica Sinica, 28: 1808-1828.

Yan Z, Aitchison J, Fu C, et al., 2015. Hualong Complex, South Qilian terrane: U-Pb and Lu-Hf constraints on Neoproterozoic micro-continental fragments accreted to the northern Proto-Tethyan margin. Precambrian Research, 266: 65-85.

Yan Z, Fu C L, Aitchison J C, et al., 2019a. Early Cambrian Muli arc-ophiolite complex: a relic of the Proto-Tethys oceanic lithosphere in the Qilian Orogen, NW China. International Journal of Earth Sciences, 108: 1147-1164.

Yan Z, Fu C L, Aitchison J C, et al., 2019b. Retro-foreland basin development in response to Proto-Tethyan Ocean closure, NE Tibet plateau. Tectonics, 38(12): 4229-4248.

Yan Z, Fu C L, Aitchison J C, et al., 2020. Formation age and tectonic setting of the Muli arc-ophiolite complex in the South Qilian Belt, NW China. Acta Geologica Sinica-English Edition, 94(S1): 69.

Yang H, Zhang H, Luo B, et al., 2016. Generation of peraluminous granitic magma in a post-collisional setting: a case study from the eastern Qilian orogen, NE Tibetan Plateau. Gondwana Research, 36: 28-45.

Yang K, Fan H, Pirajno F, et al., 2019. The Bayan Obo(China) giant REE accumulation conundrum elucidated by intense magmatic differentiation of carbonatite. Geology, 47(12): 1198-1202.

Yang W R, Deng Q L, Wu X L, 2002. Major characteristics of the Lajishan orogenic belt of the South Qilian mountains and its geotectonic attribute. Acta Geologica Sinica(English Edition), 76(1): 110-117.

Yang X, Lai X, Pirajno F, et al., 2017. Genesis of the Bayan Obo Fe-REE-Nb formation in Inner Mongolia, North China Craton: a perspective review. Precambrian Research, 288: 39-71.

Yang Z M, Giester G, Ding K S, et al., 2012. Hezuolinite,$(Sr,REE)_4Zr(Ti,Fe^{3+},Fe^{2+})_2Ti_2O_8(Si_2O_7)_2$, a new mineral species of the chevkinite group from Saima alkaline complex, Liaoning Province, NE China. European Journal of Mineralogy, 24(1) : 189-196.

Yuan L, Zhang X, Yang Z, et al., 2017. Paleoproterozoic Alaskan-type ultramafic-mafic intrusions in the Zhongtiao mountain region, North China Craton: petrogenesis and tectonic implications. Precambrian Research, 296: 39-61.

Zhang H F, Wang H Z, Santosh M, et al., 2016. Zircon U-Pb ages of Paleoproterozoic mafic granulites from the Huai'an terrane, North China Craton(NCC): implications for timing of cratonization and crustal evolution history. Precambrian Research, 272: 244-263.

Zhang J, Yu S, Mattinson C G, 2017. Early Paleozoic polyphase metamorphism in northern Tibet, China. Gondwana Research, 41: 267-289.

Zhang S, Jian X, Pullen A, et al., 2020. Tectono-magmatic events of the Qilian orogenic belt in northern Tibet: new insights from detrital zircon geochronology of river sands. International Geology Review, 63: 1-24.

Zhang Y Q, Song S S, Yang L M, et al., 2017. Basalts and picrites from a plume-type ophiolite in the South Qilian Accretionary Belt, Qilian Orogen: accretion of a Cambrian Oceanic Plateau?. Lithos, 278, 97-110.

Zhang Y W, Liu J H, Si R, et al., 2005. Phase evolution, texture behavior, and surface chemistry of hydrothermally derived scandium(hydrous) oxide nanostructures. The Journal of Physical Chemistry B, 109(39): 18324-18331.

Zhang Z H, Zhang G F, Gao L K, 2005. Study on scandium separation from rare earth ore in Yunnan Province. Journal of Rare Earths, 23(3): 531-535.

Zhao J, Zhou M, 2007. Geochemistry of Neoproterozoic mafic intrusions in the Panzhihua district (Sichuan Province, SW China): implications for subduction-related metasomatism in the upper mantle. Precambrian Research, 152(1):27-47.

Zhao T P, Chen W, Zhou M F, 2009. Geochemical and Nd-Hf isotopic constraints on the origin of the ~1.74-Ga Damiao anorthosite complex, North China Craton. Lithos, 113(3-4): 673-690.

Zheng J, Griffin W L, O'Reilly S Y, et al., 2006. Zircons in mantle xenoliths record the Triassic Yangtze-North China continental collision. Earth and Planetary Science Letters, 247(1): 130-142.

Xu Z Q, Yang J S, Wu C L, et al., 2006. Timing and mechanism of formation and exhumation of the Northern Qaidam ultrahigh-pressure metamorphic belt. Journal of Asian Earth Sciences, 28(2): 160-173.

Zhou M, Wang Z, Zhao W W, et al., 2022. A reconnaissance study of potentially important scandium deposits associated with carbonatite and alkaline igneous complexes of the Permian Emeishan Large Igneous Province, SW China. Journal of Asian Earth Sciences, 236: 105309.

Zhu C, Sverjensky D A, 1991. Partitioning of F-Cl-OH between minerals and hydrothermal fluids. Geochimica et Cosmochimica Acta, 55(7): 1837-1858.

Zong K Q, Klemd R, Yuan Y, et al., 2017. The assembly of Rodinia: the correlation of early Neoproterozoic(ca. 900 Ma) high-grade metamorphism and continental arc formation in the southern Beishan Orogen, southern Central Asian Orogenic Belt(CAOB). Precambrian Research, 290: 32-48.